建设工程施工治污减霾管理指南

陕西建工集团有限公司　主编

中国建筑工业出版社

图书在版编目（CIP）数据

建设工程施工治污减霾管理指南 / 陕西建工集团有限公司主编 . —北京：中国建筑工业出版社，2018.1
ISBN 978-7-112-21731-1

Ⅰ.①建… Ⅱ.①陕… Ⅲ.①建筑施工—施工现场—无污染技术—施工管理—指南 Ⅳ.①TU721.2-62

中国版本图书馆CIP数据核字（2017）第321622号

本书较为系统地总结了当前建设工程施工现场大量行之有效、值得推广的治污减霾、环境保护管理措施和技术措施，内容图文并茂，文字浅显易懂，体现了法律法规、标准规范和政府主管部门的相关要求，对建设工程施工现场具有较强的指导性和操作性。

全书共包含 11 章和 10 个附录，主要内容包括：总则，术语，基本要求，扬尘治理措施，大气污染防治措施，噪声污染防治措施，光污染防治措施，水污染防治措施，土壤保护措施，建筑垃圾处理和资源化利用，地下设施、文物和资源保护等。

本书主要是面向一线施工管理人员和操作人员，可作为建设工程施工治污减霾、环境保护工作的指导和参考。

责任编辑：赵晓菲　朱晓瑜
责任校对：王　瑞

建设工程施工治污减霾管理指南

陕西建工集团有限公司　主编

*

中国建筑工业出版社出版、发行（北京海淀三里河路9号）
各地新华书店、建筑书店经销
北京京点图文设计有限公司制版
北京京华铭诚工贸有限公司印刷

*

开本：880×1230 毫米　1/32　印张：4⅝　字数：91 千字
2018 年 2 月第一版　2018 年 7 月第二次印刷
定价：40.00 元

ISBN 978-7-112-21731-1
（31579）

《建设工程施工治污减霾管理指南》
编写委员会

主编单位： 陕西建工集团有限公司

参编单位： 陕西建工第二建设集团有限公司

陕西建工第三建设集团有限公司

陕西建工第五建设集团有限公司

陕西建工第六建设集团有限公司

陕西省土木建筑学会建筑施工专业委员会

主要起草人： 时　炜　李西寿　李　阳　张小源

胡晨曦　李凤红　李录超　贾金辉

万　磊　刘　铭　韩　超　王　宇

贾　超　李　辉　师　帅　李　瑞

罗　涛　王明博

主要审查人： 张义光　李忠坤　杨海生　迟晓明

刘建明　聂　鑫　宋轮航　梁保真

弓闽龙　李孝悌　帖　华　刘红卫

王　頔

序

习近平总书记在党的十九大报告中指出："建设生态文明是中华民族永续发展的千年大计。必须树立和践行绿水青山就是金山银山的理念，坚持节约资源和保护环境的基本国策，像对待生命一样对待生态环境，实行最严格的生态环境保护制度，形成绿色发展方式和生活方式，坚定走生产发展、生活富裕、生态良好的文明发展道路，建设美丽中国，为人民创造良好生产生活环境，为全球生态安全作出贡献。"

近年来，随着雾霾的肆虐，环境问题日益引起全社会的高度关注。现在依然普遍采用的传统建筑施工方式，多有忽视环境保护，高污染、高能耗、巨量的资源消耗和破坏，预示着不可持续的发展方式必然将被淘汰。有研究数据揭示：中国建筑业消耗了全国 45% 的水泥，50% 以上的钢材；建造和使用过程中消耗了近 50% 的能源；与建筑有关的空气污染、光污染等约占环境总体污染的 34%；建筑施工垃圾约占城市垃圾总量的 30% ~ 40%；施工粉尘占城区粉尘排放量的 22%；扬尘污染约占北京 $PM_{2.5}$ 来源的 16%，占上海 $PM_{2.5}$ 来源的 10%，而扬尘主要来源于建筑工地的施工扬尘和车辆运输扬尘。此外，施工产生大量的建筑垃圾，多数未经处理和资源化利用，直接倾倒掩埋，更加剧了对生态环境的破坏。数据显示，我国建筑垃圾的利用率不足 10%；而欧盟、韩国等已达 90%。建筑业粗放式发展方式给资源和环境带来巨大压力。

推进绿色建造，实现绿色发展，下大力气解决突出的环境问题,实现建筑业可持续发展,已经成为全社会和全行业的共识。建筑业要坚决贯彻落实习近平总书记关于加强生态文明建设和环境保护一系列重要讲话精神,下决心推进生态文明建设,自觉建设"绿水青山"的良好生态环境。要坚定治污减霾可控可治的信心,坚定铁腕治理的决心;更要认识到其紧迫性和责任感,坚持源头防治,持续实施大气污染防治行动,打赢蓝天保卫战。加快水污染防治,强化土壤污染管控和修复,加强建筑垃圾处理和资源化利用,还自然以宁静、和谐、美丽,实现人民富裕、国家富强、中国美丽、人与自然和谐共生,实现中华民族永续发展。

近年来,作为全球承包商 250 强、中国企业 500 强的大型建筑龙头企业——陕西建工集团有限公司,以技术创新为引领,加快企业转型升级,推进建造方式创新,积极响应政府治污减霾、保护环境的各项要求,总结出了一大批行之有效的措施和做法,效果显著,彰显了陕西建工集团有限公司"建设美丽中国、践行社会责任、实现绿色发展"的国企担当。

陕西建工集团有限公司编制的《建设工程施工治污减霾管理指南》以一线施工管理人员和操作人员为对象,较为系统地总结了当前建设工程施工现场大量值得推广的治污减霾、环境保护管理措施和技术措施,内容图文并茂,文字浅显易懂,既体现了工程建设领域法律法规、标准规范和政府主管部门的最新要求,又统一了施工现场治污减霾的具体方法措施,对做好建设工程施工现场污染防治工作具有较强的可视性、指导性和操作性。

希望《建设工程施工治污减霾管理指南》的出版,可以为治理环境污染，改善施工作业条件，保护生活环境与生态环境，加快建筑业转型发展做出一些应有的努力。

陕西建工集团有限公司党委书记、董事长、总经理

2018 年 1 月

前　言

为了坚持节约资源和保护环境的基本国策，深入贯彻"建设美丽中国，推进绿色发展"要求，强化落实"打赢蓝天保卫战"、"铁腕治霾·保卫蓝天"各项措施，进一步加强治污减霾、环境保护工作，有效防治大气、扬尘等环境污染，践行社会责任，陕西建工集团有限公司组织编制了《建设工程施工治污减霾管理指南》（以下简称《指南》）。

本《指南》共包含 11 章和 10 个附录，主要内容包括：总则；术语；基本要求；扬尘治理措施；大气污染防治措施；噪声污染防治措施；光污染防治措施；水污染防治措施；土壤保护措施；建筑垃圾处理和资源化利用；地下设施、文物和资源保护等。

本《指南》较为系统地总结了当前建设工程施工现场大量行之有效、值得推广的治污减霾、环境保护管理措施和技术措施，体现了法律法规、标准规范和政府主管部门的相关要求，对建设工程施工现场具有较强的指导性和操作性，也是建筑行业从粗放型向精细化、规范化、信息化、绿色化、人文化转型提升及绿色发展的具体探索和尝试，施工一线技术管理人员可结合工程实际因地制宜择优选用。

本《指南》由陕西建工集团有限公司经营管理部负责解释。在执行过程中，请各单位注意总结经验，积累资料，并及时将意见和建议反馈给陕西建工集团有限公司经营管理部（地址：西安市北大街 199 号，邮政编码 710003，电子邮箱 190537751@qq.com），以便今后修订时参考。

目　录

① 总 则

1.0.1 为了加强建设工程施工治污减霾、环境保护管理，控制施工过程环境污染，有效防治和减少雾霾产生，采取扬尘污染防治有力措施，保护生活环境和生态环境，改善大气环境质量，保障人民生活健康，根据法律、法规相关规定，结合建设工程施工现场实际，编制本指南。

1.0.2 本指南适用于新建、扩建、改建、拆除工程以及相关物料堆放、运输等一切产生污染的区域。

1.0.3 本指南依据《中华人民共和国环境保护法》《中华人民共和国大气污染防治法》《中华人民共和国环境噪声污染防治法》《中华人民共和国水污染防治法》《中华人民共和国固体废物污染环境防治法》《防治城市扬尘污染技术规范》等相关法律、法规、标准及政府相关文件制定。

1.0.4 建设工程施工治污减霾各项措施除参考本指南执行外，尚应符合国家现行有关标准规范的规定。

2 术 语

2.0.1 治污减霾 pollution control and haze reduction

保护环境，多措并举防治环境污染，综合治理燃煤污染，控制机动车尾气污染，加强城市扬尘等方面污染整治，预防复合型污染，实现主要污染物大幅削减和多类污染物的协同控制，使环境空气质量得到明显改善，减少雾霾发生。

2.0.2 绿色施工 green construction

在保证质量、安全等基本要求的前提下，通过科学管理和技术进步，最大限度地节约资源，减少对环境负面影响，实现节能、节地、节水、节材和环境保护（"四节一环保"）的施工活动。

2.0.3 环境保护 environmental conservation

为解决现实的或潜在的环境问题，协调人类与环境的关系，保障经济社会的健康持续发展而采取的各种活动的总称。

2.0.4 环境卫生 environmental sanitation

指施工现场生产、生活环境的卫生，包括食品卫生、饮水卫生、废水处理、卫生防疫等。

2.0.5 扬尘 dust

指地表松散颗粒物质在自然力或人力作用下进入环境空气

中形成的一定粒径范围的空气颗粒物，主要分为土壤扬尘、施工扬尘、道路扬尘和堆场扬尘等。

2.0.6 大气污染 Atmos pheric pollution

指大气中一些物质的含量达到有害的程度以至破坏生态系统和人类正常生存和发展的条件，对人或其他生物造成危害的现象。

2.0.7 噪声污染 noise pollution

指所产生的环境噪声超过国家规定的环境噪声排放标准，并干扰他人正常生活、工作和学习的现象。

2.0.8 光污染 light pollution

指影响自然环境，对人类正常生活和生产环境造成不良影响，损害人们观察物体的能力，引起人体不舒适感和损害人体健康的各种光辐射。包括可见光、红外线和紫外光线等造成的污染。

2.0.9 水污染 water pollution

指水中某些物质达到有害的程度，使水的使用价值降低或丧失，以致破坏生态系统、人类生存和发展，对人类正常生活和生产造成危害的现象。

2.0.10 土壤保护 soil protection

使土壤免受水力、风力等自然因素和人类不合理生产活动破坏所采取的措施。保护地表环境，防治土壤侵蚀、流失。

2.0.11 总悬浮颗粒物 total suspended particle（TSP）

指环境空气中空气动力学当量直径小于等于$100\mu m$的颗

粒物。总悬浮颗粒物是大气质量评价中的一个通用的重要污染指标。其主要来源于燃料燃烧时产生的烟尘、生产加工过程中产生的粉尘、建筑和交通扬尘、风沙扬尘以及气态污染物经过复杂物理化学反应在空气中生成的相应的盐类颗粒。

2.0.12 可吸入颗粒物 inhalable particles

指环境空气中空气动力当量直径小于等于 $10\mu m$ 的颗粒物，又称 PM_{10}。可吸入颗粒物的浓度是以每立方米空气中可吸入颗粒物的毫克数表示。可吸入颗粒物在环境空气中持续的时间很长，对人体健康和大气能见度都有较大影响。可吸入颗粒物被人吸入后，可积累在呼吸系统中，引发许多疾病，对人类危害大。

2.0.13 细颗粒物 fine particulate matter

又称细粒、细颗粒、$PM_{2.5}$。细颗粒物指环境空气中空气动力学当量直径小于等于 $2.5\mu m$ 的颗粒物，细颗粒物的浓度是以每立方米空气中可吸入颗粒物的毫克数表示。它能较长时间悬浮于空气中，其在空气中含量浓度越高，就表示空气污染越严重。细颗粒物只是大气成分中含量很少的组分，但它对空气质量和能见度等有重要的影响。与较粗的大气颗粒物相比，$PM_{2.5}$ 粒径小，颗粒物表面积大，活性强，易附带有毒、有害物质（例如重金属、微生物等），且在大气中的停留时间长、输送距离远，因而对人体健康和大气环境质量的影响更大。细颗粒物的化学成分主要包括有机碳（OC）、元素碳（EC）、硝酸盐、硫酸盐、铵盐、钠盐（Na^+）等。

2.0.14 建筑施工扬尘污染 the dust pollution of construction engineering

指在房屋建筑、市政基础设施工程及拆除工程施工现场（含施工区、生活区、办公区）范围内及相关物料场外运输过程中，在自然力、人力等作用下形成的粉尘颗粒物进入到环境空气，对大气环境造成的扬尘污染。建设工程施工扬尘包括施工现场生产、生活活动产生的扬尘和堆场扬尘及场外物料运输扬尘等。

2.0.15 土壤扬尘 soil dust

指直接来源于裸露地面（如农田、裸露山体、滩涂、干涸的河道、未硬化或绿化的空地等）的颗粒物形成的扬尘。

2.0.16 道路扬尘 raised dust from streets

指道路积尘在一定的动力条件（风力、机动车碾压、人群活动等）的作用下，进入环境空气中形成的扬尘。

2.0.17 堆场扬尘 heap dust

指施工现场各种建筑物料堆（如砂石、水泥、石灰等）、渣土及建筑垃圾、生活垃圾等，由于堆积、装卸、传送等操作以及风蚀作用等造成的扬尘。

2.0.18 物料运输扬尘 material handling dust

指物料运输过程中在一定的动力条件（风力、机动车碾压、人群活动等）的作用下，进入环境空气中形成的扬尘。

2.0.19 易产生扬尘污染的物料 dust material

指工程施工生产中使用或产生的土壤、砂石、水泥、粉煤灰、石灰、灰浆、灰膏、建筑垃圾、工程渣土等易产生粉尘颗粒物的物料。

2.0.20 扬尘污染防治方案 prevention scheme of dust pollution

依据施工现场生产特点和环境状况,确定施工作业项目经理部在生产过程中控制扬尘污染目标、技术措施、资源落实和行为准则的管理文件。

2.0.21 建筑施工噪声 construction noise

建筑施工过程中产生的干扰周围生活环境的声音。

2.0.22 建筑垃圾 construction trash

新建、扩建、改建和拆除各类建筑物、构筑物、管网等施工过程以及装饰装修房屋过程中产生的弃土、弃料及其他废弃物。

2.0.23 建筑废弃物 construction waste

建筑垃圾分类后,丧失施工现场再利用价值的部分。

2.0.24 建筑垃圾处理 construction and demolition waste treat merit

对建筑垃圾的收集、运输、转运、调配、处置的全过程。

3 基本要求

3.0.1 建设工程各责任主体单位应建立健全建设工程施工现场治污减霾管理体系和管理制度，对工程施工全过程环境污染防治进行动态管理。各建设工程参建单位应认真履行扬尘治理的主体责任，强化扬尘治理工作，落实各项强化措施。

3.0.2 建设单位应将治污减霾费用作为不可竞争费用列入工程造价，并按合同或相关规定及时支付给施工企业。施工企业应确保该专项资金足额提取、专款专用。

3.0.3 在建设项目施工承包合同中，应明确建设单位与施工单位各自在治污减霾工作中的防治目标和职责（图3-1）。

3.0.4 建设工程各方责任主体应积极配合和接受建设、公安、市容、环保、城管、交通等相关行业主管部门对治污减霾工作的检查指导及监督管理。

3.0.5 建设单位承担建设工程施工治污减霾防治首要责任。

3.0.6 监理单位对建设工程施工治污减霾防治工作承担监理责任。

3.0.7 施工企业承担建设工程施工治污减霾防治工作主体责任，依照合同约定和相关规定，承担建设工程治污减霾防治具体工作，施工总承包企业对分包企业的治污减霾防治负总责（图3-2）。

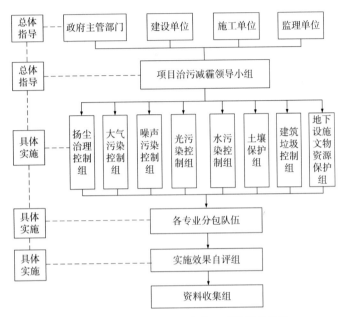

图 3-1　建设工程施工现场治污减霾管理体系

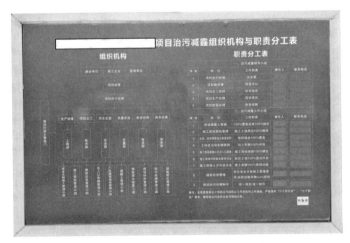

图 3-2　施工项目治污减霾组织机构职责分工

3.0.8 施工企业应将施工现场治污减霾管理工作纳入企业对基层单位年度综合考核内容；基层单位应将施工现场治污减霾工作落实情况纳入对工程项目经理部和项目经理的考核。

3.0.9 施工企业应建立工程项目施工治污减霾防治工作检查制度，定期对工程项目施工治污减霾防治方案的实施情况进行检查和评估；应对施工过程中存在的污染行为或状态进行原因分析，并制定相应的整改和防范措施。

3.0.10 施工组织设计中应设置施工现场治污减霾技术措施的独立章节，工程项目经理部应制定治污减霾专项方案和应急预案。开工前，应结合工程特点对项目管理人员、作业人员进行治污减霾措施的培训教育。对施工过程中可能出现的严重污染源，应采取针对性较强的专项措施。

3.0.11 建设工程扬尘治理应做到"资金、设施、措施"同步到位；建筑垃圾排放必须满足相关要求；施工现场扬尘、噪声污染、大气污染、光污染和水污染防治措施应符合各级政府"铁腕治霾·保卫蓝天"工作方案的要求。

3.0.12 应建立施工治污减霾工作月报制度，各基层单位应每月按照要求逐级上报《建设工程施工现场治污减霾工作月报表》。

3.0.13 施工企业应建立以项目经理为第一责任人的建设工程项目施工扬尘污染防治领导小组，明确各级、各工序治污减霾防治责任人。

3.0.14 施工企业项目经理部应主动和项目所在地政府主

9

管部门做好对接，及时掌握当地政府对治污减霾的最新要求和重污染天气预警通知，并按要求及时采取措施。北方地区秋冬期施工时，混凝土养护及其他保温养护工作应严格按照各级政府主管部门相关要求作业，不得使用高污染燃料。避免因造成大气污染或扬尘污染被政府主管部门通报或处罚。

3.0.15 施工现场应配备环境监督管理员，具体负责治污减霾等环境管理工作。施工企业应按下列规定配备专职或兼职环境监督管理人员：

1 建筑面积10万 m^2 以下的建筑工程（含标段）项目不少于1人，10万 m^2 及以上的不宜少于2人；

2 位于城市或县（区）人民政府所在镇城区2万 m^2 以下的建筑工程（含标段）项目不少于1人，2万 m^2 及以上的不宜少于2人；

3 造价2亿元以下的市政工程项目不少于1人，2亿元及以上的不宜少于2人；

4 5000 m^2 以上的拆除工程项目不少于1人；

5 单独的土方开挖工程不少于1人。

3.0.16 施工现场应安装在线环境综合监测联动装置（图3-3），对施工现场的

图3-3 施工现场环境综合监测装置

PM_{10}、$PM_{2.5}$、噪声、温湿度、风速等进行监控，并实时向有关主管部门上传，提高治污减霾的科学性和针对性。

3.0.17　施工现场应安装在线自动环境视频监测系统（图3-4），对涉土工地主要污染物进行100%监测；部分扬尘污染敏感区域出土、拆迁工地应全部安装电子实时视频监控门禁系统，至少安装一个球形摄像头和一个车牌抓拍设备，实现涉土作业实时在线视频监测，并按分配的模块和权限接入铁腕治霾网格化管理平台。监测系统应实行24小时值守制度，落实监控人员，发现问题及时调度处理。

（a）　　　　　　　　　　（b）

图 3-4　实时监控门禁系统

3.0.18　出入口路面和工地内主要行车道尘土量限值

施工现场出入口路面和工地内主要行车道尘土量限值应符合表 3-1 的规定。

出入口路面和工地内主要行车道尘土量限值 表 3-1

控制项目	单位	限值
工地出入口路面尘土量	g/m²	50
工地内主要车行道尘土量	g/m²	100

注：尘土量采样设备、点位设置、采样方法和监测方法应符合现行行业标准《防治城市扬尘污染技术规范》HJ/T 393—2007 中的相关规定。

3.0.19 扬尘排放控制要求

城市建成区、规划区施工场界扬尘，即环境空气总悬浮颗粒物（TSP）应符合表 3-2 规定的浓度值。

施工场界扬尘（总悬浮颗粒物）浓度限值 表 3-2

序号	污染物	监控点	施工阶段	小时平均浓度限值（mg/m³）
1	施工扬尘（即总悬浮颗粒物 TPS）	周界外浓度最高点	拆除、土方及地基处理工程	≤ 0.8
2			基础、主体结构及装饰工程	≤ 0.7

周界外浓度最高点一般应设置于无组织排放源下风向的单位周界外 10m 范围内，若预计无组织排放的最大落地浓度点超出 10m 范围，可将监控点移至该预计浓度最高点附近

注：以上限值参考陕西省地方标准《施工场界扬尘排放限值》DB 61/1078—2017。

3.0.20 噪声排放控制要求

建筑施工过程中场界环境噪声不得超过表 3-3 规定的排放限值。

建筑施工场界环境噪声排放限值 表 3-3

时段	昼间	夜间
限值（dB）	70	55

注：以上限值执行现行国家标准《建筑施工场界环境噪声排放标准》GB 12523—2011，噪声监测点布置及测量方法均应按本标准执行。

3.0.21 施工企业应建立和完善治污减霾防治工作记录，建立完善必要的管理资料。

3.0.22 城市城建区在建工程冬期施工禁止使用煤、油等高污染燃料，宜采用新技术、新能源（太阳能、天然气等）进行冬期施工升温、保温养护（图3-5～图3-7）。

图 3-5 地辐热式升温措施

图 3-6 暖棚养护

图 3-7　电暖风机

3.0.23　建设工程施工项目应按照标准严格把控煤质，严禁在当地政府划定的"禁燃区"范围内使用高污染燃料。

3.0.24　施工企业应配合工程所在地政府主管部门，制定向"禁燃区"供应高污染燃料行为的"倒查"制度，对向"禁燃区"供应高污染燃料行为进行倒查追究。

3.0.25　施工现场必须满足建设工地施工扬尘治理"七个百分百"和"七个到位"等要求，实现施工现场扬尘治理全过程、全覆盖、零死角、零容忍管控。工地出口两侧各 100m 路面应达到"三包"（包干净、包秩序、包美化）要求。建设工地现场配置喷淋（喷雾）装置、洒水车、移动喷淋（喷雾）机等降尘设备。各类长距离的市政、公路、水利等线性工程，应分段施工。各类房屋拆迁（拆除）施工，应采取提前浇水焖透的湿法拆除、湿法运输作业。

3.0.26　施工企业应加强对大气污染联防联控，加强自查自纠，定期或不定期进行抽查、通报，通过对污染源治理和"散、乱、差"建设项目整治，强力推进铁腕治霾、协同治霾，努力降低施工现场污染物排放量。

3.0.27　施工企业应积极推广应用绿色建造和绿色施工技术，创新环境保护技术措施，推广应用预制装配式建筑，促进建筑产业化发展，实现建筑垃圾资源化利用和减量化管理。

3.0.29　地下设施保护应实行政府文物保护主管部门、公安部门、各建设工程参建单位和社会人群相结合的原则。

3.0.30　施工过程中如发现有文物、古迹以及具有地质研究或考古价值的其他遗迹、化石、钱币或物品时，现场负责人应立即暂停施工并保护好现场，不得随意触碰、移动和收藏，派专人看守，防止文物流失或被破坏，并及时通知监理工程师与上级主管部门，等候处理，全过程配合相关主管部门实施保护工作。

3.0.31　土方开挖过程中，应通知地下设施产权单位并派专人进行现场监护。开挖时，在距离自来水管、雨污管、电缆、通信光缆（包括国防光缆）、天然气管道周围 1m 处应采用人工开挖。对震动和噪声等敏感区域及相关部位影响范围，禁止压路机、打夯机作业。

3.0.32　施工企业应当对已知的地下设施进行标识，并做好交底工作，禁止在不了解地下设施的情况下盲目施工。

3.0.33　对开挖后暴露出的地下设施，施工企业应制定相应的保护措施，防止地下设施破坏、管线断裂等造成环境污染或经济损失。发生意外时，应保护现场并立即通知其产权单位进行及时维修恢复。

3.0.34 在施工过程中天然气设施受损发生意外泄漏时，现场人员应紧急启动相关应急预案，并协助天然气监护人员关掉阀门，疏散周围人群，使大气污染以及人身伤害降到最低。

3.0.35 地下设施施工完成后，应设立永久性标志，并应将地下设施所在位置在图纸中标注实地尺寸精确定位，并纳入竣工资料归档，以备任何一方可追溯。

4 扬尘治理措施

4.1 管理要求

4.1.1 建设工地必须设置施工现场环境保护牌、扬尘治理管理公示牌、治污减霾责任分区图（图4-1～图4-3），标明扬尘治理措施、责任人及监督电话等内容。

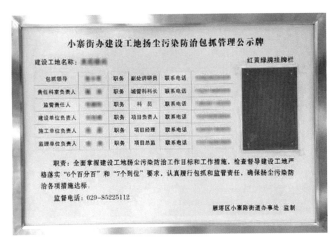

图 4-1 建设工程施工现场扬尘治理管理公示牌

4.1.2 施工现场应建立洒水清扫抑尘制度，配备必要的洒水设施。非冰冻期洒水降尘作业每天不应少于3次，冲洗每

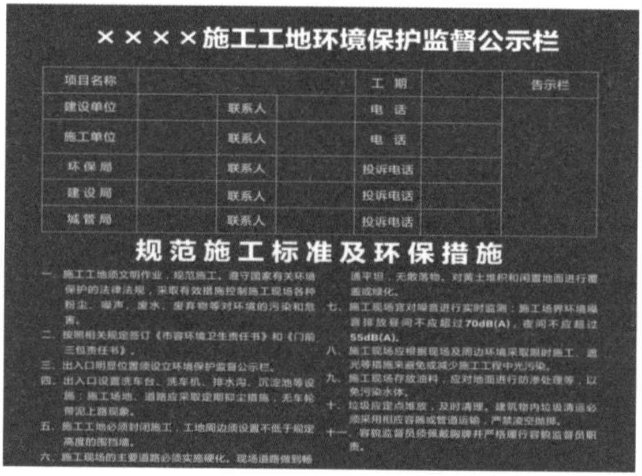

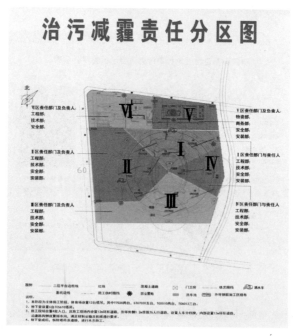

图 4-2　建设工程施工工地环境保护监督公示牌

图 4-3　施工现场治污减霾责任分区图

周不少于 2 次，并应有专人负责。重污染天气时应酌情增加洒水频次。

4.1.3　施工现场应配备与工程规模相适应的环境保护和卫生保洁人员，每天对施工道路、临时堆场等处的浮土、积灰等定时进行清扫，路面洒水湿润。

4.1.4　建设工地大门内侧应设置冲洗台，配备高压水枪等冲洗设施，冲洗区域周边应设置排水沟和沉淀池，及时对污水进行有组织回收。明确专人负责，对出场的运输车辆 100% 清洗，确保车辆不带泥上路。定期洒水保持路面湿润，保持出入口通道及其周边 100m 以内道路清洁。

4.1.5　建设工地应设置连续封闭的围墙（挡），城区主干道围墙（挡）高度不低于 2.5m，次干道围墙（挡）高度不低于 1.8m，围墙（挡）间无缝隙，底部设置防溢座，围墙顶端设置压顶。

4.1.6　建设工地应合理设置出入口，出入口应采取硬化措施。硬化路面长度、宽度、厚度应符合规范规定，满足大型运输车辆及消防车辆通行要求。

4.1.7　施工现场出入口、加工区和主要施工作业区等处必须安装环境综合监测系统，对施工扬尘实时监控。

4.1.8　建设工地主要道路应采用钢板或混凝土硬化处理。因施工需要，部分未进行硬化的道路，应铺设砾（碎）石；必要时，可在易产生扬尘的路段采用铺设再生棉毡等方法，加大吸附能力，并定期洒水，确保车辆行驶不造成扬尘污染。

4.1.9 建设工地材料堆放区、办公区、生活区应采用预制混凝土硬化或用透水砖等硬质砌块铺设（图 4-4）。硬化后的地面应保持整洁，无浮土、积土，严禁使用其他软质材料铺设。

图 4-4 办公生活区铺设预制混凝土板

4.1.10 施工现场应配备喷淋装置、洒水车、移动喷雾机等降尘设备，在道路、围挡、脚手架等部位安装喷淋或喷雾等降尘装置。

4.1.11 建设工程在进（出）土阶段，应根据工程量大小，配备足够的保洁员，分别负责工地环境卫生和洒水降尘工作。

4.1.12 工程施工现场内的裸露黄土、不能及时清运的土方或垃圾，必须及时采用密目网覆盖或密闭存放，密目网应定期更换、清理。

4.1.13 基坑开挖作业过程中，基坑四周应采取洒水、喷淋或喷雾等降尘措施。

4.1.14 施工现场运送土方、渣土的车辆必须封闭或遮盖严密，严禁未办理相关手续的运输车辆参与施工运输渣土，渣土运输不得沿路遗撒和随意倾倒。

4.1.15 对砂石、水泥、粉煤灰、聚苯颗粒、陶粒、石灰、腻子粉、石膏粉等易产生扬尘污染的细颗粒物料，应采用仓库、储藏罐、封闭或半封闭堆场等形式分类密闭存放，且应严密遮盖，并设置洒水、喷淋、苫盖等综合措施进行抑尘。运输采用密闭车厢、真空罐车等密闭运输方式。

4.1.16 建筑物内应保持干净整洁，清扫垃圾时应洒水抑尘，建筑物楼层内施工垃圾应采用封闭式管道运输或装袋后用垂直升降机械清运，严禁凌空抛掷和现场焚烧垃圾。禁止使用鼓风式除尘设备，推广使用吸入式除尘器或一体化除尘设备。

4.1.17 施工现场应设置建筑垃圾分类存放点，集中堆放并严密覆盖，及时清运。生活垃圾应用封闭式容器存放，并安排专人负责，定期清理，严禁随意丢弃。

4.1.18 建设工程应按规定使用散装水泥、预拌混凝土和干混（或预拌）砂浆。具备条件的地区施工现场，应优先使用预拌混凝土、干混（或预拌）砂浆，限制采用现场搅拌。因特殊工艺需现场搅拌混凝土、砂浆的，经批准后应采取封闭、降尘、防尘、降噪等措施。现场搅拌必须搭设封闭式搅拌车间和水泥库房。

4.1.19 建筑工程主体结构外侧脚手架及临边防护栏杆必须使用符合标准的密目式安全网封闭施工，并应保持密目网整洁、牢固、无破损。

4.1.20　城市建成区范围建设工程施工现场应推广使用燃气、甲醇、电能、太阳能等清洁能源。禁止使用煤炭、汽柴油、木料等污染严重的燃料。

4.1.21　建设工地严禁熔融沥青、焚烧塑料、垃圾等各类有毒有害物质和废弃物。

4.1.22　灰土和无机料拌合应采用厂拌法，预拌进场，碾压过程中应洒水降尘。灰土过筛应采取避风措施，减少对周边道路和环境的影响。

4.1.23　桩基、基础施工阶段进行泥浆产生量大的施工作业时，现场应设置相应的泥浆池、泥浆沟、堆土晾晒区，确保泥浆不外溢。外运泥浆应使用具有吸排性能的密封罐车。推荐采用泥浆脱水分离设备，将泥浆脱水处理后外运。泥浆污水未经沉淀严禁直接排入河道或市政雨污水管道。

4.1.24　基础降水井施工应设置多层过滤池，并设专人随时清理过滤池中的泥沙，防止泥沙流入排水管道，造成管道堵塞、降水外溢，从而导致路面污染。

4.1.25　市政工程应缩短开挖时间，做到工完、料尽、场地清。各类长距离的市政、公路、水利等线性工程，应实行分段施工。市政道路施工进行铣刨、切割等作业时，应采取有效的防治扬尘措施。园林绿化工程施工前应进行必要的铺垫，做到黄土不落地。

4.1.26　建筑物、构筑物拆除时，应采用提前浇水焖透的湿法拆除、湿法运输作业，并辅以持续加压洒水或喷雾降尘措施，防止扬尘逸散到作业区外。

4.1.27 施工车辆及机械设备尾气排放应符合国家及地方规定的排放标准要求，禁止使用冒黑烟高排放工程机械（含挖掘机、装载机、平地机、铺路机、压路机、叉车等）。施工现场工程车辆、运输车辆应限速行驶。

4.1.28 推广使用符合现行国家标准《非道路移动机械用柴油机排气污染物排放限值及测量方法（中国第三、四阶段）》GB 20891 第三阶段及以上排放标准的非道路移动机械，包括挖掘机、装载机、挖掘装载机、叉车、推土机、平地机、压路机、摊铺机、铣刨机、旋挖钻机、长螺旋钻机、水平定向钻机、打桩机、起重机（轮式起重机、履带式起重机）、发电机等施工机械设备。

4.1.29 推荐使用 LNG 工程机械、电驱动工程机械、双动力工程机械和混合动力工程机械等新能源工程机械设备。

4.1.30 预拌混凝土和干混（或预拌）砂浆生产企业应按现行行业标准《预拌混凝土绿色生产及管理技术规程》JGJ/T 328 要求进行绿色生产。预拌混凝土、干混砂浆等建筑材料生产场区应全部采用混凝土浇筑进行硬化并落实场地保洁措施，不得存在浮土、泥泞现象；厂区内应设置专用废物料堆放场地，并予以覆盖；办公、生活区域未硬化场地应进行绿化。

4.1.31 预拌混凝土、干混（或预拌）砂浆等建筑材料生产厂家原材料堆场应采用全封闭厂房存放，因特殊原因无法全部封闭的，应采取措施达到 100% 覆盖。

4.1.32 预拌混凝土、干混（或预拌）砂浆等建筑材料骨料配料仓应在空气净化处理的基础上，配置强制除尘设备；粉料筒仓应使用自动降尘设施，吹灰管应采用硬式密闭接口，防止粉料物质溢出及粘附。

4.1.33 四级以上大风天气或重污染天气预警时，必须采取扬尘防治应急措施，严禁建筑物、构筑物拆除、土方开挖、内部倒土回填、土地平整、材料切割、金属焊接、喷涂等可能产生扬尘的生产作业，同时应及时对施工现场采取覆盖、洒水等降尘措施。

4.1.34 建设单位应组织相关单位做好工程室外管网及绿化施工阶段的扬尘防治工作。

4.1.35 长期未开发的待建空地应进行绿化或覆盖。

4.1.36 各级政府相关主管部门发布空气重污染应急响应后，施工企业应按照扬尘污染应急预案做好防治工作。工程项目经理部应按照附录2《建设工程施工重污染天气应急响应措施》，相关规定执行。

4.1.37 施工企业应按照国家安全生产监督管理总局《工作场所职业卫生监督管理规定》等要求，建立健全职业健康安全管理体系，预防控制扬尘污染危害，保障劳动者健康和相关权益。

4.2 施工现场封闭围挡

4.2.1 施工现场封闭围挡宜利用既有围墙改造，围挡应牢固、稳定、整洁。围挡每间隔不大于 5m 应设立柱；底部设 400mm 高防溢座；顶部设灰色瓦坡；围挡原则上以白色或浅灰色为主（图 4-5）。

4.2.2 施工现场宜采用钢质封闭围挡（图 4-6）。

4.2.3 市区主要路段的施工现场围挡高度不应低于 2.5m，一般路段的围挡高度不应低于 1.8m。

图 4-5 既有围墙改造

图 4-6 钢质封闭围挡

4.2.4 建筑物脚手架外侧应满张密目式安全网或金属安全网等进行封闭，爬升、悬挑式脚手架底部应采取硬质材料全部封闭。

4.2.5 建筑物脚手架外侧张设的密目式安全网应定期清理，清理时应采用水浸泡冲洗密目式安全网，不得采用拍打法除尘。

4.2.6 脚手架作业层和隔离防护层应定期清理，不得出现垃圾堆积现象。不得采用翻、拍脚手板及空压机吹尘等可能产生扬尘的方法进行清理。

4.3 裸露土覆盖

4.3.1 施工现场裸露土覆盖

现场所有裸土区域、易产生粉尘的材料堆放区域应采用防尘密目网进行 100% 覆盖（图 4-7）。非施工作业面的裸露地面、长期存放或超过一天以上的临时存放的土堆应采用防尘密目网进行覆盖，或采取绿化、固化措施。

4.3.2 防尘密目网应使用绿色、不易损坏和风化的高密度密目网，续燃、阴燃时间不应大于 4s，网目数密度不应低于 2000 目 /100cm^2。

平地铺设密目网应拉紧绷平，如存在密目网拼接，应保证两张密目网之间搭接不小于 100mm。

密目网应采用压固配重或地锚固定，防止被大风吹开或卷走。密目网中央部位纵横至少每 3m 设置 1 个压固点或地锚钉，

图 4-7 裸露土覆盖

每张密目网拐角部位均应有压固点或地锚钉，应保证每边不得少于 3 个压固点或地锚钉，且每两个固定点间距不大于 5m。

需要反复打开的施工区域，压固材料可根据现场情况选用木方、混凝土预制块等重物；覆盖后长期不施工的区域，可用 6mm 圆钢 U 形钉固定，严禁采用土块压固。

4.3.3 施工现场裸露土绿化

施工现场应多绿化、少硬化，裸露土超过 3 个月的场地宜植草（可种植结缕草，盐碱地可种植果岭草）等生长周期短、成活率高、抑尘效果好的植物进行绿化（图 4-8、图 4-9）。

4.3.4 海绵工地

1 海绵工地是指施工项目对雨水进行吸水、蓄水、渗水、净水等收集处理，需要时将蓄存的水释放并加以利用，从而起到保护自然水循环的作用（图 4-10）。海绵工地建设应遵循生态优先等原则，将自然途径与人工措施相结合，在确保项目排

（a）

（b）

图 4-8　种草绿化

图 4-9 垂直绿化

图 4-10 海绵工地示意

水防涝安全的前提下,最大限度地实现雨水在局部区域的积存、渗透和净化,促进雨水资源的利用和生态环境保护。

2 创建海绵工地应尽量减少硬化路面,可优先利用生态滞留草沟、渗水砖、透水混凝土、雨水花园、下沉式绿地等绿色措施组织排水,避免内涝,又可有效收集利用雨水(图4-11~图4-13)。

图 4-11 生态滞留草沟

(a)

图 4-12 雨水花园(一)

（b）

图4-12　雨水花园（二）

（a）

（b）

图4-13　下凹式绿地（一）

（c）

图 4-13　下凹式绿地（二）

4.3.5　施工现场短期裸露土可采用喷洒抑尘剂固化（图 4-14）。

图 4-14　抑尘剂固化

4.3.6　市政工程施工应采用渐进式分段施工作业，分段开挖，减少土石方裸露面积和裸露时间。

4.3.7 现场办公、生活区室外地面应采用透水砖、草坪砖等可重复利用材料铺设（图4-15～图4-17）。

图 4-15 透水砖铺设地面

图 4-16 透水格栅铺设地面

图 4-17 草坪砖铺设停车位

4.4 施工道路硬化

4.4.1 施工现场临时道路应提前策划，宜做到永临结合。

4.4.2 混凝土硬化道路

1 施工现场出入口、主要道路及基坑坡道宜采用混凝土硬化处理，其路面长度、宽度、厚度应符合相关规范规定，并满足大型运输车辆及消防车辆通行要求（图4-18、图4-19）。

图 4-18 出入口混凝土硬化

图 4-19 主要道路混凝土硬化

2 现场应设置环形道路，双车道宽度应不大于6m，单车道宽度应不大于3.5m，转弯半径应不大于15m。当场内道路兼作消防通道时，道路转弯半径应不小于 12m，道路净宽度应不小于 4m。混凝土道路厚度不得小于 200mm。

4.4.3 钢板铺设道路

施工现场出入口、主要道路及基坑坡道宜采用 15～20mm 厚钢板铺设（图 4-20、图 4-21）。

 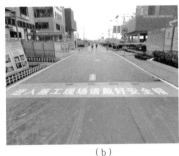

（a）　　　　　　　　　　　　（b）

图 4-20　钢板铺设道路

图 4-21　钢板铺设坡道

4.4.4 预制混凝土块铺设道路

1 施工现场主要道路可采用大型预制混凝土块铺设，应做到畅通、平整、坚实（图 4-22）。

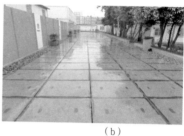

（a） （b）

图 4-22 预制混凝土块铺设道路

2 施工现场人行道路宜采用预制混凝土盖板铺设，并对铺设的混凝土盖板采取必要的成品保护（图 4-23）。

图 4-23 预制混凝土盖板铺设人行道路

4.4.5 场地路面禁止采用鼓风机吹扫，应采用人工洒水清扫或使用高压清洗车冲刷清扫。

4.5 松散材料运输车辆密闭拉运

4.5.1 土方、渣土运输车辆密闭

应选择取得经营许可的运输企业承担工程建筑垃圾、土方清运和土方回填工作，确保使用规范合格的运输车辆。

施工现场清运土方、渣土的车辆，必须密闭作业，严禁使用未办理相关手续的渣土运输车辆，严禁沿路遗撒和随意倾倒（图 4-24）。

图 4-24 封闭式渣土运输车辆

厢盖与厢盖、厢盖与车厢侧栏板缝隙不应大于 30mm，厢盖与车厢前、后栏板缝隙不应大于 50mm，卸料门与车厢栏板、底板结合处缝隙不应大于 10mm，防止车辆在行进过程中产生扬尘或渣土遗撒。车厢液压举升机构及厢盖液压、启闭机构的液压部件各结合面不应有明显渗漏。

建筑垃圾运输车辆宜安装卫星定位系统，推广应用新型节

能环保建筑渣土运输车辆（图4-25），新型节能环保建筑渣土运输车辆具有智能、环保、安全、舒适等特点，可以实现对车辆运营全过程管理，对渣土车超速、超载、随意抛洒倾倒、环境噪声污染等违规驾驶行为进行事前、事中控制。

图 4-25　新型节能环保建筑渣土运输车辆

4.5.2　砂石等其他松散物料运输车辆

砂石等松散物料运输车辆如采用无密闭车斗，其装载高度不得超过车辆槽帮上沿，车斗应遮盖严实（图4-26）。

图 4-26　松散物料材料运输车辆

4.5.3 水泥等松散物料密闭运输车辆

水泥、粉煤灰、干粉砂浆等易产生扬尘污染的物料，运输必须采用密封式罐车（图 4-27、图 4-28）。

图 4-27 密封式物料运输罐车

图 4-28 密封式粉粒物料运输罐车

4.6 施工现场出入车辆冲洗清洁

4.6.1 车辆冲洗设施

施工现场车辆出入口，必须在大门内侧设置车辆冲洗、泥浆沉淀池、排水沟等设施，建立冲洗制度并设专人管理，严禁车辆带泥上路。保持出入口通道及其周边100m以内道路清洁。

有条件的施工现场，可增加配置高压水枪、振泥带、吸湿垫、洗泥池等辅助设施。

冲洗平台尺寸不得小于3500mm×7500mm，自动冲洗设备应满足大型车辆冲洗要求；应配备手动辅助冲洗设备，用于对车体的二次冲洗和出入口的保洁降尘，确保车辆清洁出场。

具体参见图4-29～图4-34。

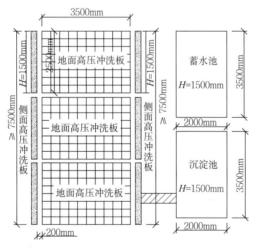

图4-29　三联式自动车辆冲洗台做法

图 4-30 三联式自动车辆冲洗设施

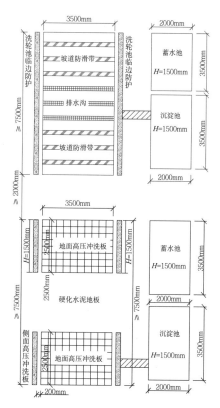

图 4-31 两联式组合自动车辆冲洗台做法

图 4-32   振泥带、洗轮池等辅助设施

图 4-33   自动车辆冲洗防尘降噪棚

图 4-34   手动冲洗设备

4.6.2　沉淀池设置不得少于两级沉淀，水容量应满足自动冲洗要求。沉淀池四壁应采用水泥砂浆粉刷并作防渗处理。

4.6.3　沉淀池污水不得直接排入市政管网和河、湖等水体。

4.6.4　沉淀池、排水沟中沉积的污泥应定期清理。

4.7　施工现场湿法作业

4.7.1　建筑物、构筑物拆除湿法作业

对建筑物、构筑物实施拆除时，场地周边必须采用围挡封闭施工，并采取持续加压洒水、喷淋或喷雾等降尘措施（图4-35），抑制扬尘污染，严禁开放式拆除作业。

图 4-35　喷雾降尘作业

4.7.2　土方施工湿法作业

施工现场进行土方开挖、爆破、回填等易产生扬尘的作业

时，必须在作业区域四周
设置喷淋或喷雾降尘设施
（图4-36），实时喷淋或喷
雾降尘。

4.7.3 施工区域湿法作业

喷淋（或喷雾）系统是
将水通过喷嘴或雾化喷嘴形
成水雾，吸附空气中的扬尘
颗粒物，从而在该系统有效
工作范围内达到较好的降尘

图4-36 喷雾降尘机

效果。喷淋（或喷雾）系统宜采用非传统水源。施工区域应结
合现场实际设置双系统道路喷淋（或喷雾）设施，施工区域采
用多点位控制施工现场扬尘。如图4-37～图4-42所示。

图4-37 扬尘自动化检测

图 4-38 感应式施工道路喷淋（喷雾）降尘

图 4-39 基坑喷淋（喷雾）降尘

图 4-40 外脚手架喷淋（喷雾）降尘

（a） （b）

图 4-41 施工道路喷淋（喷雾）降尘

（a） （b）

图 4-42 施工围挡喷雾降尘

4.7.4 施工道路湿法清扫

施工现场道路应配备与工程规模相适应的专职保洁人员，每天对施工道路、临时堆场等处的浮土、积灰进行定时清扫、喷洒，保持道路清洁无扬尘。如图 4-43～图 4-49 所示。

图 4-43　手推式洒水车

图 4-44　移动式清洗机

图 4-45　道路保洁车

图 4-46　电动洒水车

图 4-47　道路喷淋（喷雾）洒水车

图 4-48　机动扫路车

图 4-49   大型道路喷雾洒水车

4.7.5   路面切割、破碎作业

路面切割、破碎等作业时，应采取洒水、喷淋及喷雾等抑尘措施（图 4-50）。

图 4-50   路面切割喷水抑尘

4.8   其他措施

4.8.1   易产生扬尘的细颗粒建筑材料应分类密闭存放，如水泥、粉煤灰、石灰等松散材料应密封存放并应设防潮措施

（图4-51、图4-52）；砂石应分类统一堆放并采取严密覆盖措施；干混砂浆应采用罐装密闭存放，严禁露天放置（图4-53）。物料搬运时应有降尘措施，余料应及时回收。

图4-51 水泥库房

图4-52 砂石堆放场地

图 4-53　预拌砂浆防尘棚

4.8.2　建筑垃圾不得凌空抛掷、抛撒，建筑物、构筑物内的施工垃圾清运必须采用封闭式专用管道垂直垃圾运输通道或封闭式容器吊运（图 4-54）。垃圾垂直运输时，应每隔 1～2

（a）

（b）

图 4-54　垃圾垂直运输管道（一）

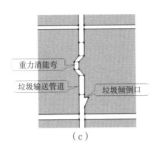

（c）

图 4-54　垃圾垂直运输管道（二）

层或 ≤ 10m 高，在垃圾通道内设置水平缓冲带。场区内应设置封闭式垃圾收集站，垃圾应分类集中堆放并覆盖，按规定及时清运，并安排专人负责进出场运输车辆的清洗保洁工作。严禁焚烧、掩埋和随意丢弃。

4.8.3　城市建成区范围内建设工程施工现场禁止现场搅拌混凝土、砂浆。其他区域现场搅拌混凝土、砂浆的，应采取必要的降尘防尘措施（图 4-55）。

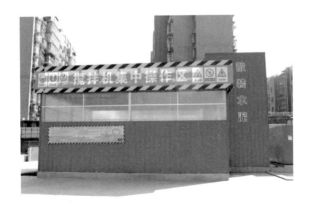

图 4-55　混凝土搅拌机防尘车间

4.8.4 建设工地严禁熔融沥青、焚烧塑料、垃圾等各类有毒有害物质和废弃物，不得使用煤炭、汽柴油、木料等污染严重的燃料。

5 大气污染防治措施

5.1 管理要求

5.1.1 施工现场应建立大气污染防治管理制度并制定大气污染防治控制措施。

5.1.2 建设工程应依据施工过程中对大气的潜在污染情况，针对不同类型的大气污染如扬尘污染、废气污染、有毒有害气体污染制定相应的防治措施。

施工现场扬尘治理措施详见本指南第4章。

5.1.3 施工现场大气污染源及废气排放口应设置相应的提示、警示等标识牌（图5-1）。

图 5-1 废气排放口标识

5.2 废气、有毒有害气体污染防治

5.2.1 建设工程施工现场的废气主要包括施工车辆和机

械设备尾气、电焊烟气、沥青作业、油漆作业、防水涂料作业、
打胶作业以及燃料燃烧排放废气等。

5.2.2　废气控制措施

1　建设工程项目食堂操作间应因地制宜优先采用节能环
保新技术、新能源，提高能源利用效率，减少废气产生，操作
间尚应配备油烟净化设施，对产生的油烟经净化处理后方可排
出（图5-2～图5-4）。

图 5-2　甲醇燃具

图 5-3　甲醇储存罐

图 5-4 厨房油烟净化器

2 金属焊接区宜选用焊接烟尘净化器对焊接烟雾废气进行净化处理，有效去除焊烟废气，降低有毒有害气体排放，净化加工区环境（图 5-5）。

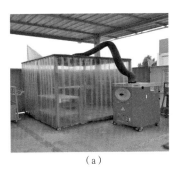

（a）

（b）

图 5-5 焊接烟尘净化器

3 施工现场禁止燃烧木材、泡沫塑料、防水卷材、废油漆等废弃物，禁止使用有烟煤作为燃料。

4 进出场车辆及燃油机械设备的废气排放应符合环保要求，严禁使用排放黑烟的柴油打桩机等机械设备，施工现场出入口醒目位置应张贴"黄标车禁止入内"标识。

5 工程施工应优先采用无污染、环保型胶粘剂。

6 喷漆作业应在完全封闭或半封闭的、具有良好机械通风和照明设备的喷漆室内进行。作业人员应配备防护用具，严格遵守设备操作规程。喷漆工作间应安装空气净化设备，并应定期对活性炭、过滤网等废气过滤介质进行检查、更换，确保设施正常运行，并达到排放标准。

施工现场废弃物应按环保部门相关要求分类处置，严禁在施工现场焚烧油漆及其他可产生有毒有害烟尘和恶臭气味的废弃物。不得将油漆等有毒有害废弃物丢弃于水井、河道、池塘和下水道。各种油漆、稀料应密封保存，防止挥发，推广使用低（无）挥发性有机物（VOCs）的建筑材料、涂料、胶粘剂等产品。

喷漆施工现场禁止明火，并应配备相应的消防设施。

7 施工现场存放的油料和化学溶剂等有毒有害易燃易挥发物品应设有专门的库房，地面应采取防渗漏处理（图5-6）。废弃的油料和化学溶剂应集中处理，不得随意倾倒。

8 禁止使用有害物质释放量超标的成品、半成品。工程竣工交付使用时，应对室内环境进行专项检测，委托具有相应资质的检测机构对建筑工程室内氡、甲醛、苯、氨、总挥发性有机化合物的含量指标进行检测，有害物质含量指标应符合现行国家标准《民用建筑工程室内环境污染控制规范》GB 50325 的规定。

9　作业应尽可能设立独立作业面，在通风良好的环境中进行，必要时应配置通风设备，以避免废气对人身体的危害。

图 5-6　易燃易爆危险品库房

10　管道内施工应设置通风设备，如不能满足通风要求并可能持续产生有毒、有害气体，作业人员应佩戴防毒面具及满足使用要求的呼吸设备。在封闭空间内从事油漆等作业的工人，应佩戴防毒面罩，防止毒气危害。

11 从事有毒有害气体排放作业的人员应佩戴防毒面具、眼罩、防护服等护具（图5-7），其他作业人员应结合实际情况佩戴相应护具，确保人员健康。

图5-7 有毒有害环境防护用品

6 噪声污染防治措施

6.1 管理要求

6.1.1 施工现场应建立噪声污染防治管理制度并制定噪声污染防治控制措施。

6.1.2 建设工程施工噪声污染源主要由机械设备使用和人为活动产生。在城市市区范围内或居民区周边施工时，建设工程施工噪声排放应符合现行国家标准《建筑施工场界环境噪声排放标准》GB 12523。建设工程施工场界噪声排放限值，昼间不得超过 70dB，夜间不得超过 55dB。

6.1.3 施工现场持续噪声污染排放处应设置提示、警示等相应标识牌（图 6-1）。

6.1.4 在噪声敏感建筑物集中区域内进行施工作业的，施工单位应在施工现场醒目位置公示项目名称、施工单位名称、工地负责人及联系方式等信息。

6.1.5 除抢修、抢险作业或因

图 6-1　噪声排放警示标识

生产工艺要求或者特殊需要必须连续作业的，应尽量采取降噪措施，并按照有关规定报当地环保部门备案后方可施工，否则禁止在噪声敏感区域进行产生环境噪声污染的夜间施工作业。

6.2 噪声污染源控制措施

6.2.1 噪声污染源

噪声的主要来源分为交通来源、生产来源和社会生活来源。环境噪声是一种能量污染，发生源能量削减，污染随之减弱；发声源停止发声，污染即自行消除，无残留作用。

6.2.2 建筑施工应优先选用低噪声的施工机具和改进生产工艺，如选用低噪声设备，如端部带有消声器的低噪声振动棒、变频低噪施工电梯、通风机等进出风管设置消声器等，或者采取措施改变噪声源的运动方式（如用阻尼、隔振等措施降低固体发声体的振动，如图 6-2~图6-4所示）。风机、泵、压缩机等建筑设备应设置隔振消声减噪措施。

图 6-2 低噪声混凝土振动器

在施工现场平面规划时，应将高噪声设备尽量远离施工现场办公区、生活区及周边住宅区等噪声敏感区域布置。合理规划作业时间，减少夜间施工，确保施工噪声排放符合规定。吊装作业时，应使用对讲机传达指令。

图 6-3 变频低噪声施工电梯

图 6-4 通风机设置消声器

6.3 噪声污染传播途径控制措施

6.3.1 全封闭预制加工厂

可产生强噪声的成品或半成品（如预制构件等）加工、制作作业，应在工厂、车间内完成，减少因施工现场加工制作产生的噪声（图 6-5）。

（a）

（b）

图 6-5　钢筋半成品加工车间

6.3.2　混凝土输送泵

施工现场的混凝土输送泵外围应设置降噪棚，隔声材料可选用夹层彩钢板、吸声板、吸声棉等，隔声棚应便于安拆、移动（图 6-6）。

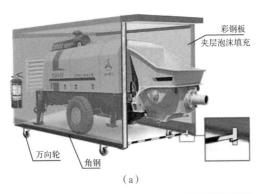

（a）

（b）

（c）

图6-6 混凝土输送泵降噪棚

6.3.3 隔声木工加工车间

木工加工车间应封闭设置，围护结构采取吸声材料，具有隔声降噪措施，并安装排风、吸尘等设施（图6-7）。

图 6-7 隔声木工加工车间

6.3.4 隔声降噪钢筋加工车间

钢筋加工车间应设置隔声降噪屏（图6-8），降噪屏可采用阳光板或其他透光良好且安全的材料制作，高度不宜低于1.5m。

图 6-8 隔声降噪钢筋加工车间

6.3.5　洗车台隔声降噪棚

洗车机台可设置隔声降噪棚，减少车辆冲洗产生的噪声污染（图6-9）。

图6-9　洗车台防尘降噪棚

6.3.6　降噪挡板

在临近学校、医院、住宅、机关、部队和科研单位等噪声敏感区域施工时，工程外围挡应设置降噪挡板（图6-10），并实时监控噪声排放。

图6-10　降噪挡板

6.3.7 隔声降噪布

在噪声敏感区域施工时，作业层应采取隔声降噪措施。常见的隔声降噪布采用双层涤纶基布、吸声棉等，经特种加工处理热合而成，具有隔声、防尘、防潮和阻燃等特点（图 6-11）。

 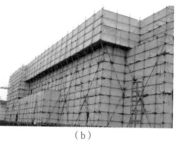

（a）　　　　　　　　　　　　　（b）

图 6-11　隔声降噪布

6.3.8 集成式操作平台

集成式操作平台外围挡为密目金属板材质，具有良好的隔声、防尘、防光污染性能，且外形美观、周转率高（图 6-12）。

图 6-12　集成式外架操作平台

7 光污染防治措施

7.1 管理要求

7.1.1 施工现场应建立光污染防治管理制度并制定光污染防治控制措施。

7.1.2 建设工程施工过程中应避免光污染对作业人员及周边环境造成不良影响,如因技术要求需进行夜间施工的项目,应按照工程所在地环境保护部门要求办理相关手续,并应在项目外围墙醒目位置张贴施工扰民告知书。

7.1.3 建设工程项目应合理安排施工任务,最大限度减少夜间施工,避免施工照明影响周围环境。夜间施工应对夜间照明、焊接作业等光源采用遮光罩等遮挡措施,降低光污染危害。

7.1.4 施工现场可设置封闭焊接作业操作间,小型构件焊接作业应在封闭操作间内进行。

7.4.5 钢结构工程施工时,焊接作业面应采取有效的防治光污染措施,操作人员应配备完善的防护用具上岗作业。

7.2 光污染防治控制措施

7.2.1 夜间照明灯控制

夜间施工照明时，应对照明光源加装聚光罩（图7-1），使光线照射在施工部位，避免光源散射影响周边环境，造成污染，并应设置定时开关控制装置，节能环保。

图 7-1　LED 聚光罩　　　　　图 7-2　遮光罩

7.2.2 小构件焊接简易遮光措施

小构件焊接作业应设置遮光罩（图7-2），减少弧光外泄影响周边环境，遮光罩应采用不燃材料制作。焊接操作人员应配备护目镜、防护服等有效的个人防护措施。

7.2.3 钢结构焊接遮光措施

钢结构工程施工应在焊接作业面采取有效防治光污染措施，采用不透光材料设置防护棚，如采用三防布等不燃、难燃的材料搭设防护棚，避免弧光外泄对外界造成不良影响（图7-3）。

（a）

（b）

图7-3 钢结构焊接遮光措施

8 水污染防治措施

8.1 管理要求

8.1.1 施工现场应建立水污染防治管理制度并制定水污染防治控制措施。

8.1.2 施工现场废水应进行集中收集、处理、循环再利用，外排污水未经处理达标禁止排放。

8.1.3 施工现场有毒有害危险品库房应独立设置，地面应设置防潮隔离层，防止有毒有害液体材料跑冒滴漏，造成场地土壤、水体污染。

8.1.4 高层建筑施工超过8层时，每隔4层应设置移动厕所，移动厕所设置简便适用为宜，并应安排专人定期进行清理。

8.2 施工废水处理

8.2.1 基坑降水收集再利用

施工现场应建立基坑降水再利用的收集处理系统（图8-1），基坑降水通过加压泵输送至水箱，可用于卫生间冲洗、喷洒路面、扬尘治理等（图8-2）。水质检测合格后，还可用于现场绿化、施工养护等（图8-3）。

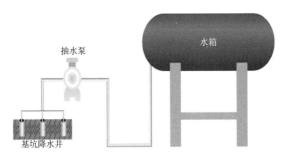

图 8-1　基坑降水收集系统

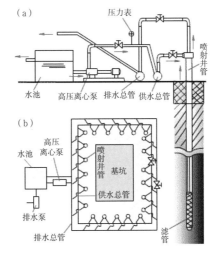

图 8-2　基坑降水收集示意图

图 8-3　基坑降水利用示例

8.2.2 施工废水沉淀池

施工废水应采用三级沉淀方式处理，其原理是将集水池、沉砂池和清水池三个蓄水池之间用水管相互连通，施工废水经三级沉淀处理后进行回收再利用或者排放（图8-4、图8-5）。池中沉淀物应及时清理，以保证沉淀池正常使用。

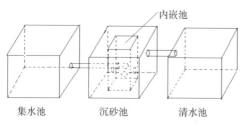

图 8-4　施工废水三级沉淀池示意图

图 8-5　施工废水三级沉淀池

8.2.3 混凝土施工废水再利用

施工现场可沿结构竖向敷设混凝土施工废水收集管道，施工废水回收管道顶端应设置收集漏斗，底部设置集水池（图8-6、

图 8-7）。混凝土洗泵水和养护用水等施工废水经管道输送至底部集水池后，经过三级沉淀，可通过加压水泵循环利用（图 8-8）。沉淀池应安排专人定期清理，以保证沉淀池正常使用。

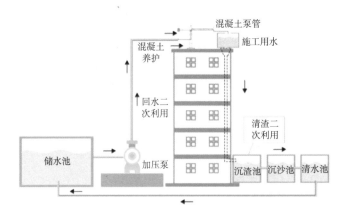

图 8-6　混凝土施工废水再利用示意图

图 8-7　混凝土施工废水回收利用

图 8-8　加压变频水泵

8.2.4　泅砖水循环再利用

施工现场泅砖应采用节水型淋水设施，泅砖场地四周应设置排水沟，泅砖余水经沉淀处理后循环使用（图 8-9、图 8-10），既可提高使用效率，又可避免水污染。

图 8-9　现场泅页岩砖

图 8-10　现场蒸压加气块表面喷洒湿润

8.3　生活污水处理

8.3.1　污水排放检测

施工现场污水排放应依据现行国家标准《污水综合排放标准》GB 8978 要求，在污水排放口采集少许污水，取 pH 试纸浸入污水中，迅速取出与标准色板比对，即可读出所测污水的pH值（图8-11）。若酸碱度达标即可排放，否则须经进一步处理，符合要求后方可排放。

（a）

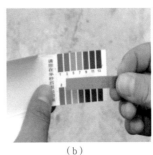

（b）

图 8-11　污水见证检测

8.3.2 隔油池

施工现场厨房等油污污水下水口处应设置隔油池（图 8-12），并定期清理。隔油池可采用成品隔油池，常见成品隔油池的材质为不锈钢、塑料等（图 8-13）。

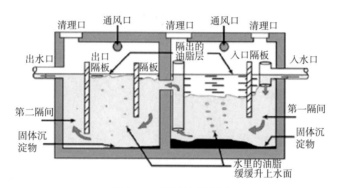

图 8-12　隔油池示意图

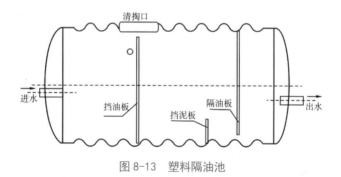

图 8-13　塑料隔油池

8.3.3　化粪池

化粪池可采用成品化粪池，化粪池的材质为玻璃钢、塑料等（图 8-14）。化粪池应定期清理。

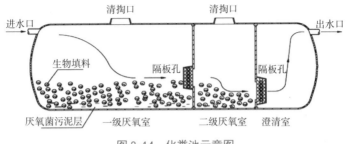

图 8-14 化粪池示意图

8.3.4 移动卫生间

施工现场及施工作业区域应设置移动卫生间，高层建筑施工超过 8 层时，每隔 4 层应设置移动厕所（图 8-15）。施工现场卫生间应安排专人负责定期清扫、消毒。

（a）　　　　　　（b）　　　　　　　　（c）

图 8-15　施工现场移动式卫生间

8.3.5　生活污水处理

施工现场生活污水经生化处理，检测符合相关要求后，可用于现场降尘、绿化灌溉等（图 8-16~图 8-21）。

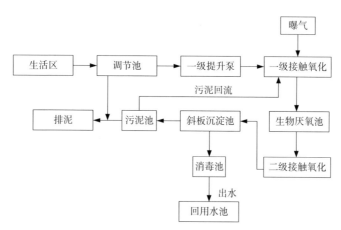

图 8-16　生活污水处理系统工艺流程示意图

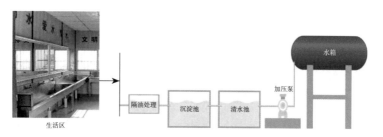

图 8-17　生活污水收集处理

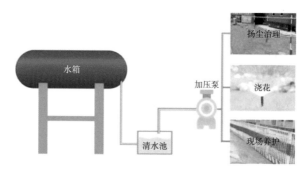

图 8-18　生活污水循环利用

图 8-19 集成式水处理中心

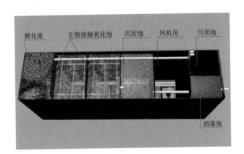

图 8-20 地埋式污水处理成套设备

图 8-21 生活污水处理站

8.4 雨水回收再利用

8.4.1 施工现场应因地制宜利用现场内地势高差、临时建筑屋面以及建筑物屋面，将雨水通过有组织排水汇流收集，经过渗蓄、沉淀等处理，集中储存（图8-22、图8-23）。处理后的水体可用于施工现场降尘、绿化和洗车等。当雨水超过水池存储量时，富余雨水应有合理的外排措施。

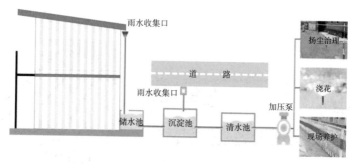

图 8-22　雨水收集利用示意图

（a）

图 8-23　施工现场雨水回收利用（一）

（b）

图 8-23 施工现场雨水回收利用（二）

8.4.2 施工现场楼层水、雨水经管道回收至雨水收集沉淀池，通过沉淀处理后可用于场地及路面降尘等（图 8-24、图 8-25）。

图 8-24 雨水收集池

图 8-25　雨水收集进行现场喷淋（喷雾）

9 土壤保护措施

9.1 管理要求

9.1.1 土壤污染分类

建设工程施工土壤污染主要有：破坏地表环境，造成土壤侵蚀、流失；建筑施工产生的有毒有害废弃物，对土壤环境产生有毒有害物质扩散；办公、生活区产生的废水、污水渗漏，对土壤及地下水资源造成污染。

土壤污染分类见表 9-1。

施工现场土壤污染分类一览表　　　　　　　　　表 9-1

项　目	污　染　源
水土流失	土方开挖、桩基施工等
有毒有害废弃物	电池、墨盒、油漆、涂料、铁屑、电渣压力焊焊渣等
土壤及地下水污染	卫生间污水、食堂污水、洗泵水、机修废水等

9.1.2 植被保护

施工过程中对地表环境原有植被进行保护，避免不必要的破坏。对因施工造成破坏的植被应及时复原，恢复原状。

9.1.3 依据国家现行标准《土壤环境质量标准》GB 15618、

《土壤环境监测技术规范》HJ/T 166 等要求，建设用地使用前，应进行建设用地土壤环境调查评估，掌握场地整体土壤环境。若土壤重金属污染严重，必须开展污染治理与修复工作。

9.1.4 施工单位应建立土壤保护监控体系，对施工现场土壤污染因素进行分析，施工不同阶段分级分类进行管控，编写应急预案，对不同污染情况制定专项措施。

9.2 土壤保护管理和技术措施

9.2.1 防治水土流失措施

废弃的降水井应及时回填，并应封闭井口，防止污染地下水。

土方开挖过程中，应采用平台式阶梯状取土施工法，严禁沿坡随意开挖取土。

因施工造成的外露裸土，及时覆盖或种植速生草种，以减少土壤侵蚀（图 9-1）。

图 9-1 施工空地种植绿植

在土方开挖和回填过程中，应做到随挖、随运、随铺、随压，以减少施工阶段的水土流失。

因施工阶段易发生地表径流土壤流失等情况，应设置地表排水系统、稳定斜坡、植被覆盖等措施，减少土壤流失（图9-2）。

图9-2　道沿两侧预留溢流口

9.2.2　有毒有害废弃物的防治措施

有毒有害废弃物如电池、墨盒、油漆、涂料等应回收后交由专业单位处理，不得作为建筑垃圾外运，严禁填埋，避免污染土壤和地下水。

施工现场存放油料和化学溶剂等物品应设置专用库房，地面应进行防渗漏处理。油漆喷涂、涂料拌合等重污染施工区域，必须设置专用废料收集池，安排专人每日定时清理。

9.2.3 土壤及地下水污染防治措施

沉淀池、隔油池、化粪池等避免发生堵塞、渗漏、溢出等现象。及时清掏各类池内沉淀物，并委托有资质的单位清运。

对机修废水废料进行统一收集，并将废料交有资质的单位处理，严禁随意倾倒。

现场设专门洗泵点，设置三级沉淀池对洗泵水进行沉淀、过滤，及时清理沉淀物。

设置混凝土罐车定点清洗处，避免混凝土泥浆污染土壤(图9-3)。

图 9-3　混凝土罐车废水回收

9.2.4 植被资源保护措施

工程施工过程中，应减少对土地资源永久性占用和利用，可对建设总体规划进行调查与分析，提出合理化建议与改进措施。

严格按照批准的占地范围使用临时用地，不得随意搭设临时设施、临时房屋等，保护公用用地范围外的绿化植被。

施工期间应对场界外的农田、耕地采取隔离保护措施，场地内植被应迁移或保留。

施工结束后应及时恢复被施工活动破坏的植被。与当地园林、环保部门或当地植物研究机构进行合作，在先前施工区域种植当地或其他合适的植物等科学绿化措施，补救施工活动中人为破坏植被和地貌造成的土壤侵蚀。

9.2.5 其他土壤保护措施

对施工沿线自然径流、湖泊水系予以保护，设计无要求时应保证不淤、不堵、不漏、不留工程隐患，不得阻塞、隔阻自然径流，不得随意填埋、倾倒垃圾。施工便道应设置必要的过水构造物，跨河便道应设置便桥，工程完成后应立即拆除。

基坑开挖前，做好现场整体土方平衡，减少不必要的土方开挖。

应将原有耕植土集中堆放保留，待室外景观绿化施工时作为腐殖土回填使用。

建筑和生活垃圾应分类收集、堆放、处理，禁止将生活垃圾就地回填，严禁将建筑垃圾未经处理随意回填使用，造成二次污染。

10 建筑垃圾处理和资源化利用

10.1 管理要求

10.1.1 施工现场应建立建筑垃圾处理和资源化利用管理制度及实施措施。

10.1.2 施工现场应编制建筑垃圾减量化控制措施，减少建筑垃圾的产生；并应编制建筑垃圾资源化实施措施，严控固体废弃物的排放。

10.1.3 施工现场应设置封闭式垃圾站，施工垃圾、生活垃圾应分别按照可回收、不可回收、有毒有害等分类存放，密闭运输，及时处置，运输消纳应符合相关规定。

10.1.4 应积极应用"四新"技术，大力推广预制装配化施工，促进建筑工业化发展，从源头控制建筑垃圾的产生。

10.2 建设工程垃圾处理

10.2.1 建筑垃圾分类管理

建筑垃圾处理实行减量化、资源化、无害化的原则。

施工现场常见垃圾分类见表10-1。

施工现场垃圾分类一览表　　　　　　　　表 10-1

项目		可回收废弃物	不可回收废弃物
无毒无害类	建筑垃圾	废木材、废钢筋、废弃混凝土、废砖等	纸面石膏板等
	生活办公垃圾	办公废纸	食品类等
有毒有害类	建筑垃圾	废油桶、废灭火器罐、废塑料布、废化工材料及其包装物、废玻璃丝布、废铝箔纸、油手套、废聚苯板和聚酯板、废岩棉板等	变质过期的化学稀料、废胶类、废涂料、废化学品类等
	生活办公垃圾	塑料包装袋等	废墨盒、废色带、废计算器、废日光灯、废电池、废复写纸等

10.2.2　建筑垃圾分类回收处理

建筑垃圾应集中堆放，分类收集，回收利用（图 10-1）。

（a）

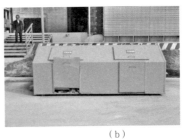

（b）

（c）

图 10-1　建筑垃圾分类堆放

10.2.3　生活办公垃圾分类回收

施工现场应在办公、生活等区域设置分类式垃圾箱，便于生活垃圾分类回收，定时处理（图 10-2、图 10-3）。

图 10-2　木质垃圾箱

图 10-3　成品金属垃圾箱

10.2.4　废旧墨盒集中回收

在施工现场办公、生活区域设置废旧墨盒收集箱。废旧墨盒应回收在密闭的容器内，防止可能产生的有毒有害物质扩散，并安排专人负责记录，委托有资质单位进行回收处理。

10.3 建筑垃圾减量化措施

10.3.1 周转材料的使用

施工现场应减少木方、胶合板的使用，采用"以钢代木"、"以铝代木"或"以塑代木"的原则，增加材料周转次数，减少材料的消耗，如采用金属型材代替木方，积极推广应用铝合金模板、塑料模板等（图10-4～图10-6）。

图 10-4　塑料模板　　　　图 10-5　铝框塑料面板模板

图 10-6　铝合金模板

10.3.2 工厂化集中加工

超过一定规模的大型项目，现场具备条件时，钢筋、混凝土构件、砌块、装饰装修材料等可采用工厂化集中加工（图10-7、图10-8），减少材料损耗，降低能耗和排放，降低工程施工成本。

图 10-7　钢筋集中加工

图 10-8　砌块集中加工车间

10.4　建筑垃圾资源化利用措施

10.4.1　再生混凝土骨料

施工现场可利用现场产生的建筑垃圾，加工成再生混凝土粗、细骨料，可用于配制 C25 及以下强度等级混凝土，用于制作再生骨料混凝土及中小型混凝土构件制品。再生混凝土骨料质量应符合现行行业标准《普通混凝土用砂、石质量及检验方法标准》JGJ 52 要求。

临时道路破除产生的混凝土块可加工成再生混凝土骨料，用于道路路面工程施工（图 10-9 ~ 图 10-13）。

图 10-9　再生混凝土骨料加工车间

（a）废旧道路破除

（b）建筑物拆除

（c）破碎、筛分

（d）建筑垃圾破碎、筛分

（e）再生混凝土骨料

图 10-10　再生混凝土骨料生产流程示意

图 10-11　建筑垃圾回收加工再利用车间

图 10-12　建筑垃圾回收筛分再利用

图 10-13　再生混凝土骨料制作异形砌块

10.4.2　混凝土余料回收利用

施工现场产生的混凝土余料可用于制作盖板、过梁和异形砌块等小型构件（图 10-14、图 10-15）。

图 10-14　混凝土余料加工车间

图 10-15　混凝土余料制作小型构件

10.4.3　再生沥青混合料

道路破除的沥青废渣及建筑垃圾中废沥青可用于生产再生沥青混合料（图 10-16）。使用再生沥青铺路时，沥青产品应符合现行国家标准要求。

（a）利用刨铣机对沥青路面进行破除、粉碎、筛分

（b）再生沥青混合料

（c）再生沥青混合料摊铺

图 10-16　再生沥青混合料生产和使用

11 地下设施、文物和资源保护

11.1 管理要求

11.1.1 地下设施、管线的调查

施工前应调查地下各种设施、管线分布情况，设置地下管线标识桩（图11-1），保证施工场地周边的各类管道、管线、建筑物、构筑物的安全运行。

图 11-1 地下管线标识桩

11.1.2　做好文物勘探工作

按照《中华人民共和国文物保护法》相关要求规定：进行大型建设工程施工前，建设单位应报请省级人民政府文物行政管理部门组织进行考古调查、勘探。

11.1.3　编制施工方案、应急预案、做好交底工作

结合现场实际和产权单位提供的设施位置图，编制保护方案和应急预案，并做好技术、安全交底工作，确定管线的允许变形量。

11.1.4　产权单位旁站施工

施工时必须联系产权单位旁站指导施工，避免各种设施遭受破坏。

11.1.5　文物资源的保护

在文物保护单位的建设控制地带内进行工程建设前，应当进行考古勘探和环境影响评价，并依法履行报批手续。

进场后，施工单位应主动与当地文物保护管理部门联系，了解熟悉管区的历史情况。

在施工中发现文物或有考古、地质研究价值的物品时，应暂停施工，封闭现场，防止文物损坏或流散。并及时通知建设单位和当地文物保护管理部门，对文物进行保护。

11.1.6　地下综合管廊的保护要求

施工单位在地下综合管廊区域内施工必须执行工程所在地城市地下综合管廊管理办法要求。

在管廊周边区域施工，应向城市行政主管部门报告，编制

安全保护方案，并经管廊管理单位认可。

管廊周边区域进行下列施工时必须编制专项保护方案：排放、倾倒腐蚀性液体、气体；爆破；挖掘城市道路；打桩或进行顶进作业；建造建筑物、构筑物；其他危害管廊安全的行为。

11.1.7　地下民防工程的保护要求

施工单位在地下民防工程区域内施工必须执行工程所在地民防工程建设和使用管理办法要求。在防空指挥等民防工程的主要出入口附近规划修建地面建筑时，应按照该建筑的倒塌半径，保持与民防工程主要出入口的安全距离。

11.1.8　城市轨道交通的保护要求

施工单位在城市轨道交通区域内施工必须执行工程所在地城市轨道交通运营管理办法要求。

施工单位在城市轨道交通区域内施工应建立安全保护区。

保护区设置范围：地下车站（含地下通道）、隧道外边线外侧 50m 内；地面车站、高架车站及线路轨道外边线外侧 30m 内；车站出入口、通风亭、变电站、跟随所、冷却塔等建筑物（构筑物）、设备外边线外侧 10m 内；城市轨道交通专用电缆沟、架空线等供电设施及室外给水排水设施（含排水检查井、给水水表井、化粪池、消火栓、水泵接合器、给水排水管道及阀门等）外侧 10m 内。

在城市轨道交通安全保护区内，除应急抢险外，作业单位应委托专业机构对规划设计方案、施工方案进行城市轨道交通运营安全影响及防范措施进行可行性评估，根据评估意见进行修改并书面征求运营单位意见后，报有关行政管理部门予以规划、施工许可。

11.2 地下设施、文物和资源保护的控制措施

11.2.1 天然气管道的控制措施

施工前根据调查图，标识出管线位置，并开挖横沟，找出管线位置。开挖至距管道 500mm 时，必须采用人工开挖。施工中若不小心将管道破坏，造成天然气泄漏，立即启动应急预案，疏散人群，并协助专业人员关闭阀门，等待抢修人员。

11.2.2 其他管线的控制措施

施工造成各类管线处于悬空状态，应采用支顶或悬吊的方式进行保护，并在接头处设加强构造。管道保护后，应设置观测点进行沉降观测与位移监测。如变形增大时，需进一步采取加强、加固措施。

11.2.3 地下综合管廊的控制措施

地下综合管廊等地下设施上部施工时，应进行道路硬化或铺设 20~30mm 钢板，保护上部荷载均匀传递。

11.2.4 文物和资源保护的控制措施

应教育施工参与人员树立文物保护意识，施工中注意对当地和已规划文物遗址及古树名木进行保护（图 11-2、图 11-3）。

对施工现场场地内植被原地保留或迁移，待室外施工时予以恢复。

图 11-2　文物资源的隔离保护

图 11-3　古树保护

引用法律、标准及相关文件名录

1 《中华人民共和国环境噪声污染防治法》（1996 年 10 月 29 日修订）中华人民共和国主席令第七十七号

2 《中华人民共和国环境保护法》（2014 年 4 月 24 日修订）中华人民共和国主席令第九号

3 《中华人民共和国固体废物污染环境防治法》（2015 年 4 月 24 日修订）中华人民共和国主席令第二十三号

4 《中华人民共和国大气污染防治法》（2015 年 8 月 29 日修订）中华人民共和国主席令第三十一号

5 《中华人民共和国环境保护税法》（2016 年 12 月 25 日颁布）中华人民共和国主席令第六十一号

6 《中华人民共和国水污染防治法》（2017 年 6 月 27 日修订）中华人民共和国主席令第八十七号

7 《工作场所职业卫生监督管理规定》（国家安全生产监督管理总局令第 47 号）

8 《绿色施工导则》（建设部建质〔2007〕223 号）

9 《大气污染防治行动计划》（国发〔2013〕37 号）

10 《环境空气质量标准》GB 3095—2012

11 《污水综合排放标准》GB 8978—1996

12 《建筑施工场界环境噪声排放标准》GB 12523—2011

13 《土壤环境质量标准》GB 15618—2008

14 《大气污染物综合排放标准》GB 16297—2004

15 《非道路移动机械用柴油机排气污染物排放限值及测量方法（中国第三、四阶段）》GB 20891—2014

16 《民用建筑工程室内环境污染控制规范》GB 50325—2010（2013 修订版）

17 《绿色建筑评价标准》GB/T 50378—2014

18 《建筑工程绿色施工评价标准》GB/T 50640—2010

19 《工程施工废弃物再生利用技术规范》GB/T 50743—2012

20 《建筑工程绿色施工规范》GB/T 50905—2014

21 《建筑垃圾处理技术规范》CJJ 134—2009

22 《建设工程施工现场环境与卫生标准》JGJ 146—2013

23 《预拌混凝土绿色生产及管理技术规程》JGJ/T 328—2014

24 《污水排入城镇下水道水质标准》CJ 343—2010

25 《土壤环境监测技术规范》HJ/T 166—2004

26 《防治城市扬尘污染技术规范》HJ/T 393—2007

27 陕西省地方标准《施工场界扬尘排放限值》DB 61/1078—2017

28 《住房城乡建设部办公厅关于印发建筑工地施工扬尘专项治理工作方案的通知》（建办督函〔2017〕169 号）

附录1 建设工地及"两类企业"(预拌混凝土和预拌砂浆生产企业)扬尘治理防治措施

1.建设单位对施工扬尘污染防治负总责,应当将施工扬尘污染防治的费用列入工程造价,在工程承包合同中明确相关内容。检查施工单位制定的施工扬尘污染防治方案,并依照方案落实情况足额支付相关费用。

2.施工单位应当建立施工扬尘污染防治责任制,针对工程项目特点制定具体的施工扬尘污染防治实施方案,并报建设单位备案;施工单位必须对所有作业人员进行工地扬尘防治、防护知识培训,未经培训不得上岗。施工单位扬尘污染防治情况应纳入文明工地管理,作为信用评价的重要依据。

3.监理单位必须认真履行扬尘污染防治监理职责,对施工单位扬尘污染防治实施方案进行审查,对其落实情况监督。

4."两类企业"法人是扬尘污染防治的第一责任人。

5.建设工地应设置环境包抓公示牌,标明扬尘污染防治措施、包抓责任单位和责任人、主管部门及监督电话等内容。

6.建设工地应设置连续封闭的围墙(挡),城区主干道围墙(挡)高度不低于2.5m,次干道围墙(挡)高度不低于1.8m,围墙(挡)间无缝隙,底部设置防溢座,顶端设置压顶。颜色原则上以白色或浅灰色为主。

7.建设工地应建立出入车辆、人员登记制度。应合理设置出入口，采取混凝土硬化。硬化路面长度、宽度、厚度应符合规范规定，满足大型运输车辆通行要求。

8. 建设工地大门内侧应设置冲洗台，配备高压水枪等冲洗设备，其周边设置排水沟和沉淀池。施工现场设置专职保洁人员，对施工场地、围挡进行清扫保洁，安排专人对施工区域及其相邻通行便道进行洒水降尘，防止扬尘产生。应有专人负责对出场的运输车辆100%清洗，确保车辆不带泥上路。保持出入口通道及其周边100m以内道路清洁。每天施工作业完成后，再集中力量对工地现场进行清理，确保场内保洁、覆盖到位。

9. 建设工地主要道路均要进行混凝土硬化，因施工需要，部分未进行混凝土硬化的道路要铺设砾石或砖渣，在易出现扬尘和泥土的路段必要时可采用铺设再生棉毡等方法，加大吸附能力，并定期洒水，确保车辆行驶不造成扬尘污染。

10. 建设工地在进（出）土阶段，根据工程量大小，配备足够的保洁员，分别负责工地环境卫生和洒水降尘工作。

11. 易产生扬尘的粉状建筑材料必须存放在库房内密闭存放或覆盖，严禁露天放置。原材料堆场应采用全封闭厂房，因特殊原因无法建设封闭料仓的须采取措施全部覆盖。需现场拌合的灰土必须在封闭空间内进行。

12. 建筑垃圾不得凌空抛掷、抛撒。在条件允许的工地可采用现代化信息手段对扬尘污染防治工作进行监管。

13. 建设工地内的裸露黄土、不能及时清运的土方或垃圾必须及时采用符合要求的绿色密目网全覆盖。

14. 建设工地禁止现场搅拌混凝土、砂浆；因特殊工艺需现场搅拌混凝土、砂浆的，在采取严密防尘措施的情况下需经辖区管理部门批准同意后，方可施工。

15. 建筑内外墙体涂料必须使用水性涂料，严禁使用溶剂型涂料；施工现场禁止进行油漆等涂料喷涂作业。

16. 建设工地严禁熔融沥青、焚烧塑料、垃圾等各类有毒有害物质和废弃物，不得使用煤炭、木料等污染严重的燃料。严禁使用冒黑烟的柴油打桩机。

17. 建设工程项目完工后，应平整施工场地，并清除积土、堆物，不得使用空气压缩机清理车辆、设备和物料的尘埃。

18. 地铁工地现场盾构泥浆、桩基泥浆因含水量较大，不产生扬尘，可集中堆放，施工结束后必须覆盖。渣土坑外侧四周洁净，内侧可不予冲洗。

19. 喷射混凝土机应设置移动式防尘棚，喷射时辅以炮雾机抑制扬尘飞散。

20. 现场建筑、生活垃圾及时清运；施工材料、工机具按指定地方整齐堆放、停放；现场道路整洁，场内零散碎料和垃圾渣土及时清理，运输土方、砂石等材料不沿途遗洒，及时清扫维护。

21. 建筑物、构筑物拆除时，应采取湿法作业，必须辅以持续加压洒水或喷淋措施，以抑制扬尘飞散。拆除物应及时覆盖或清运。

22. 工地现场粉料筒仓应使用自动降尘设施，吹灰管应采用硬式密闭接口，无粉料物质溢出及粘附。

23."两类企业"场区应区分明确、标识清晰，卫生达标，路面定时洒水保持整洁。"两类企业"生产场区应全部采用混凝土浇筑方式进行硬化并落实场地保洁措施，厂区道路无损坏，车辆行驶时无扬尘。不得存在浮土、泥泞现象；办公、生活区域未硬化场地应进行绿化；厂区内应设置专用废弃物料堆放场地并予以覆盖。

24."两类企业"原材料堆场应采用全封闭厂房，因特殊原因无法建设封闭料仓的须采取措施全部覆盖。骨料配料仓应在空气净化处理的基础上，配置强制除尘设备。粉料筒仓应使用自动降尘设施，吹灰管应采用硬式密闭接口，无粉料物质溢出及粘附。传送带应封闭，原材料输送过程中严禁抛洒。

25."两类企业"厂区内应设置专用废弃物料堆放场地并严密覆盖。长期性的废弃物堆，在表面、四周种植植物或者砌筑围墙，加以覆盖。

26.长期未能建设的空地应进行绿化或覆盖。

27.四级以上大风天气时，严禁建筑物、构筑物拆除，土方开挖、内部倒土、回填以及土地平整等可能产生扬尘的施工，同时要积极对施工现场采取覆盖、洒水等降尘措施。

28.施工项目所在地政府发布空气重污染应急响应后，要积极按照预案等级做好扬尘防治工作。

附录 2　建设工程施工重污染天气应急响应措施

重污染天气期间，当地政府主管部门重污染天气应急指挥部发布预报预警信息后，建筑施工企业应统一应急联动，实施快速有效的措施，保证及时响应、有效应对。各项目经理部应按照当地重污染天气应急指挥部办公室通知的预警信息，启动相应等级的应急响应。

Ⅲ级应急响应措施：

1. 各级住房城乡建设部门督导建筑施工企业严格落实"洒水、覆盖、硬化、冲洗、绿化、围挡"6 个 100% 等各项防尘措施，有效落实建筑施工扬尘治理措施，裸露场地要增加洒水降尘频次（至少 2 次 / 日）。

2. 严格执行"禁土令"。应急响应期间，城市建成区除地铁项目和市政抢修、抢险工程外的建筑工地禁止出土、拆迁、倒土等土石方作业。

Ⅱ级应急响应措施：

1. 各级住房城乡建设部门督导施工单位立即停止建筑工地室外作业，装配式建筑施工安装环节可不停工，但不得从事土石方挖掘、石材切割、渣土运输、喷涂粉刷等室外作业。施工现场做到"洒水、覆盖、硬化、冲洗、绿化、围挡"6 个100%，有效落实建筑施工扬尘治理措施，裸露场地要增加洒水降尘频次（至少3次/日）。

2. 停止施工工地喷涂粉刷、护坡喷浆、建筑拆除、切割等施工作业。

3. 严格执行"禁土令"。应急响应期间，城市建成区除地铁项目和市政抢修、抢险工程外的建筑工地禁止出土、拆迁、倒土等土石方作业。

Ⅰ级应急响应措施：

1. 各级住房城乡建设部门督导施工单位立即停止建筑工地室外作业，装配式建筑施工安装环节可不停工，但不得从事土石方挖掘、石材切割、渣土运输、喷涂粉刷等室外作业。施工现场做到"洒水、覆盖、硬化、冲洗、绿化、围挡"6个100%，有效落实建筑施工扬尘治理措施，裸露场地要增加洒水降尘频次（至少4次/日）。

2. 停止施工工地喷涂粉刷、护坡喷浆、建筑拆除、切割等施工作业。

3. 严格执行"禁土令"。应急响应期间，城市建成区除地铁项目和市政抢修、抢险工程外的建筑工地禁止出土、拆迁、倒土等土石方作业。

附录3 建设工程施工扬尘治理"7个100%"和"7个到位"

建设工程施工扬尘治理"7个100%"

1. 施工区域100%标准围挡

施工现场围挡严格按照建设工程施工现场围挡及出入口管理规定设置,并保持围挡稳固、完整、清洁。

2. 裸露黄土100%覆盖

未能及时清运或要存留的土方必须集中堆放,同时采取密目网覆盖或绿化措施,定时进行洒水、防止扬尘产生。

3. 施工道路100%硬化

施工现场内主要道路必须进行硬化处理,根据工程规模配备相应数量的专职保洁人员清扫保洁,保持道路干净无扬尘。

4. 渣土运输车辆100%密闭拉运

渣土车辆进行清运时必须采取密闭措施,防止车辆在行进过程中出现扬尘或渣土漏撒。

5. 施工现场出入车辆100%冲洗清洁

项目工地必须严格按照要求在出入口设置车辆冲洗台。现场安排保洁人员用高压水枪对车辆槽帮和车轮进行补充冲洗,确保所有运输车辆干净出场,严禁带泥上路。

6. 建筑物拆除 100% 湿法作业

对建筑物实施拆除时，必须辅以持续加压洒水或喷淋措施，抑制扬尘污染。

7. 喷淋设备 100% 安装使用

在工地围墙（围挡）四周、施工现场道路两侧和建筑物外脚手架等安装喷淋设备，控制扬尘污染。

建设工地施工扬尘治理"7 个到位"

1. 入口道路硬化到位；

2. 基坑坡道处理到位；

3. 冲洗设备安装到位；

4. 清运车辆密闭到位；

5. 拆除湿法作业到位；

6. 裸露地面覆盖到位；

7. 拆迁垃圾覆盖到位。

附录4 建设工程施工现场围挡及出入口管理规定

第一章 总则

第一条 为进一步促进和完善建设施工现场规范化管理，提高安全生产、文明施工标准化管理水平，创建整洁文明的施工现场，依据《建设工程施工现场环境与卫生标准》JGJ 146、《房屋建筑和市政基础设施工程施工安全监督工作规程》（建质〔2014〕154号）等相关要求，结合城市治理工作实际，特制定本规定。

第二条 本规定适用于建筑、市政、地铁工程等施工现场。

第二章 围挡设置

第三条 施工现场应实行封闭管理，并采用牢固、稳定、整洁的硬质围挡。建筑施工围挡高度为2.5m、市政施工围挡高度不低于1.8m、地铁施工围挡高度为2.8m。围挡原则上以白色或浅灰色为主，也可结合区域文化特点设置统一颜色的围挡或景观墙，作为小区永久性围墙使用。

第四条 建筑施工围挡可采用240mm厚砖墙，每间隔5m设置370mm厚砖墙立柱，立柱和围挡地平向上400mm高墙线设置为深灰色，顶部加盖灰色瓦坡。

第五条 市政施工围挡按施工工期，分为三个月以上工期围挡、三个月以内工期围挡和临时围挡。

工期在 3 个月以上的围挡，采用厚度为 0.5mm 高度为 1.8m 的彩钢板，每隔 2m 设深灰色钢立柱，立柱与基础墙用膨胀螺栓连接固定，基础墙高度为 600mm 的 240mm 厚砖墙。

工期在 3 个月以内的围挡，采用厚度为 0.5mm 高度为 1.8m 的彩钢板，每隔 2m 设深灰色钢立柱，形成 L 形或倒 T 形直接固定于地面。也可采用灰色为主的新型注水塑料围挡（转角处采用黄色围挡），相邻板之间用塑料松紧绳绑连。

市政道路局部临时维护可使用黄马杠进行围挡。

第六条 地铁施工围挡可采用厚度 0.5mm 浅灰为主或深灰色彩钢板设置，每间隔 6m 设深灰色立柱，立柱根据施工现场需要采用钢构或 370mm 厚砖墙组成，基础墙高度为 600mm 深灰色 240mm 厚砖墙。

第七条 占道施工的建筑、市政、地铁施工围挡上端应设警示红灯（或 LED 灯带），立柱中部设置反光标志，基础墙设黄底黑线导流带或警示线，距离交通路口 20m 范围内占据道路施工设置的围挡，其转角处 0.8m 以上部分采用通透性围挡，围挡的迎车方向、临时市政施工以及应急抢修现场应采取交通疏导和警示措施。

第三章 出入口设置

第八条 施工现场出入口可采用双扇对开或自动伸缩式大门，建筑、市政施工（工期 3 个月以上）现场大门高度为 2m、宽度为 4.5m，市政施工工期在 3 个月以内的可设置简易门，地铁施工现场大门高度为 2.5m、宽度为 8m。门柱可采用不低于围挡高度的钢构件铁皮包面或砖砌结构设置。大门应有企业名称、标志，门柱为深灰色。

第九条 施工现场大门侧面应设置供人员进出的专用通道，内侧应设置门卫岗亭（面积 $\geqslant 2m^2$），配备门禁系统及门卫，建立门卫管理制度并悬挂于岗亭内，门卫应着制服并履行相应职责。

第十条 施工现场出入口通道应采用混凝土进行硬化，硬化路面厚度不低于 200mm，强度满足工程车辆运输要求。出入口内侧设置减速带、排水沟、污水沉淀池、车辆冲洗台及高压冲洗设施，并配备足量的专职保洁员，污水经沉淀处理达标后按要求排放。确因场地条件无法设置车辆冲洗台的，也应对驶出车辆采取保洁措施，确保净车出场和门前周边 100m 以内道路清洁。

第十一条 建筑施工出入口明显处应整齐悬挂建设工程规划公示牌、环境保护监督公示栏、绿色节能公示牌和土方清运公示牌；市政、地铁施工出入口应整齐悬挂挖掘占用道路许可证、工程概况牌、环境保护监督公示栏和施工铭牌。有特殊工序的加挂特殊工序牌。

第十二条 建筑工程图牌统一宽 1.8m、高 1.2m，白底黑字；市政、地铁工程图牌统一宽 1.6m、高 0.9m，绿底白字；特殊工序告示牌宽 0.9m、高 0.6m，蓝底白字；应急、抢险工程图牌宽 0.9m、高 0.6m，采用黄底黑字。

第四章 维护与管理

第十三条 施工总承包单位未进场之前，土地所属单位或建设单位对现场负责。按照本规定设置围挡和出入口，对裸露场地和堆放的土方采取覆盖、固化或绿化。配备足量保洁人员维护现场环境与卫生。

第十四条 土方清运前，建设单位按规定完善相关手续，施工现场大门外侧设置土方清运公示牌，提供企业、负责人、监管部门及联系电话接受社会监督。

第十五条 土方清运管理部门对土方外运阶段的施工现场进行监督管理。

第十六条 建设单位应在施工总承包单位进场前支付施工单位环境保护措施费，施工单位应专款专用，确保各项环境保护措施及时落实到位。

第十七条 施工总承包单位进场后，应对施工现场的环境与卫生负总责，分包单位应服从总承包单位的管理，参建单位及现场人员有维护施工现场环境与卫生的责任和义务。

第十八条 施工现场的环境与卫生管理应纳入施工组织设计或编制专项方案，明确施工现场环境与卫生管理的具体目标和措施。

第十九条 施工总承包单位可对施工现场采用物业化管理方式进行管理，制定物业化管理制度和实施细则，配备专人并佩戴工作牌上岗，定期巡查，加强施工现场环境与卫生的日常维护，确保围挡保持美观和整洁，不能出现明显的破损、锈迹、脏污和非法张贴的广告。

第二十条 施工现场围挡不得设置各类广告或宣传标语。

第二十一条 各级建设、市政、地铁和城市综合管理部门应加强施工现场监督管理，按照相关法律法规对违反要求的责任单位进行处罚，并将施工现场环境与卫生情况作为文明工地评定的重要依据，并纳入企业及主要从业人员信用信息征信范围。

附录5 建设工地防尘密目网覆盖标准

为严格落实建设工地扬尘治理"7个100%",现对建设工地防尘密目网覆盖标准明确如下:

1.建设工地,除硬化道路和绿化区域外,所有裸土区域、易产生粉尘的材料堆放区域均需采用防尘密目网进行100%覆盖。

2.防尘密目网质量要求:应使用绿色、不易损坏和风化的高密度密目网,续燃、阴燃时间不应大于4s,做到可周转回收使用。网目数密度不应低于2000目/100cm^2。

3.平地铺设密目网应拉紧绷平,如存在密目网拼接,应保证两张密目网之间搭接不小于100mm。

4.密目网应采用压固材料(有一定重量的重物,建议不小于2000g)或地锚钉固定,防止被大风吹开或卷走。密目网中央部位纵、横至少每3m设置1个压固点或地锚钉,每张密目网拐角部位均应有压固点或地锚钉,应保证每边(含接槎部位)不得少于三个压固点或地锚钉,且每个压固点或地锚钉间距不得大于5m。需反复打开密目网施工的区域,压固材料可根据现场情况选用预制混凝土块等重物;覆盖后长期不施工的区域,可使用6mm圆钢制作U形钉钉入土地锚固。严禁采用土块压固。

5.颗粒状、粉状材料的料仓和堆场,四周应有墙体围挡,上方覆盖彩钢瓦或密目网。如采用密目网应拼缝严密,在四周设硬质钢框并绷紧。

6.未能及时清运的垃圾或需要留存在现场的土方等必须集中堆放，减少占地面积，同时采取密目网全覆盖。密目网如存在拼接，必须采用扎丝绑扎牢固，绑点间距不得大于1m。四周地面宽出堆场不小于500mm，并按第四条要求压固。

7.其他易产生粉尘的原材料堆场使用密目网覆盖时，应保证整齐美观，并按上述要求做到全覆盖和压固或锚固可靠。

8.加强对铺设密目网区域的保护，不得人为破坏或让机动车直接碾压破坏。如遇大风，应及时增加压固块或锚钉密度，防止被大风吹起。对破损或被风吹开的应及时更换和恢复。

9.已覆盖密目网的区域或堆场需施工时方可打开，撤除的密目网应叠放整齐并用重物压住或收回库房，不得随意掀开就地抛掷。施工完毕或下班时必须保证将密目网恢复到原有覆盖状态。

10.已施工完毕或不再需要覆盖的区域，必须将密目网及时回收，便于下次利用。不得任意抛弃或混于泥土、垃圾中掩埋，污染环境。

附录6

建设工程施工现场扬尘治理自查表

工程名称		检查日期	
建设单位		项目负责人及电话	
监理单位		项目总监及电话	
施工单位		项目经理及电话	

序号	检查项目	现场检查标准	存在问题	整改情况
1	主要道路及场地硬化	1.施工现场主要道路必须进行硬化处理,土层夯实后,面层材料可用混凝土、沥青、细石、钢板等; 2.材料存放区、大模板存放区等场地必须平整夯实,面层材料可用混凝土、细石等; 3.现场排水畅通,保证施工现场无积水; 4.施工现场主要道路及工地出口两侧100m的道路不得有泥土和建筑垃圾		
2	洒水降尘	1.房屋拆除、外架拆除、平整场地、土方开挖、土方回填和渣土及市政道路施工等作业时,应当边施工边适当洒水,防止产生扬尘污染; 2.遇到四级及以上大风天气不得进行土方运输、土方开挖、土方回填等作业及其他可能产生扬尘污染的施工作业; 3.为防止施工扬尘,施工现场应每天根据现场情况及时进行清扫洒水(雨雪天及地表结冰的天气除外);在土方施工、干燥天气、风力四级及以上的天气条件下,应适当增加洒水次数; 4.施工现场设置易产生扬尘的施工机械时,必须配备降尘防尘装置		
3	垃圾存放及运输	1.施工现场设置垃圾站应为封闭式,施工垃圾、生活垃圾应分类存放,运输消纳符合相关规定; 2.建筑物内的施工垃圾清运必须采用封闭式专用垃圾道或封闭式容器吊运,严禁凌空抛撒,安全网内垃圾应及时清理; 3.施工垃圾清运时应提前适量洒水,并按规定及时清运消纳		

序号	检查项目	现场检查标准	存在问题	整改情况
4	材料、土方覆盖	1. 非施工作业面的裸露地面、长期存放或超过一天以上的临时存放的土堆应采用防尘网进行覆盖，或采取绿化、固化措施； 2. 水泥、粉煤灰、灰土、砂石、砂浆等易产生扬尘的细颗粒建筑材料应密闭存放或进行覆盖，使用过程中应采取有效措施防止扬尘； 3. 对于停止施工的工地，应当对其裸露土地采取覆盖或者临时绿化等有效防尘措施； 4. 对于土方工程，开挖完毕的裸露地面应及时固化或覆盖； 5. 城市建成区施工工地禁止现场搅拌砂浆。城市建成区范围内的房屋建筑和市政基础设施工程禁止现场搅拌砂浆，其中砌筑（包括砌块专用砂浆和砌块胶粘剂等配套砂浆）、抹灰、地面类砂浆等，应使用散装预拌砂浆。施工现场不得设立水泥砂浆搅拌机等		
5	车辆清洗	1. 土方施工工地必须安装高效洗轮设施，并确保出工地车辆有效清洗。城市建成区土石方阶段施工工地洗轮机等冲洗设施有效使用率达到100%； 2. 确因出入口场地狭窄而不具备高效洗轮机安装条件的施工现场出入口，施工单位在施工全过程中应按要求设置冲洗车辆的设施和沉淀池，并应符合以下要求： （1）施工现场施工车辆出入口应设置车辆冲洗设施，对车辆槽帮、车轮等易携带泥沙部位进行清洗，不得带土上路； （2）洗车池旁必须设置沉淀池，沉淀后的污水应排入市政污水管道； 3. 建设单位（或委托施工单位）应当到市政管理行政部门办理渣土消纳许可证，并按照规定的时间、路线和要求，消纳建筑垃圾、渣土。施工现场必须使用有资质的运输单位和符合要求的运输车辆承担现场土方、建筑垃圾等的运输任务，采取措施防止车辆运输遗撒；		

续表

序号	检查项目	现场检查标准	存在问题	整改情况
5	车辆清洗	4.施工单位须使用"六统一"渣土运输车,即"统一颜色、统一全密闭运输、统一安装标明名称的顶灯标识、统一在车厢两侧栏板喷印车辆核定载重量、统一在车厢尾部栏板喷印专用标识牌、统一安装 GPS 卫星定位系统"。严格执行"三不进两不出"规定,即"无准运许可证的车辆不许进入施工工地,密闭装置破损的车辆不许进入施工工地,排放不达标的车辆不许进入施工工地,超量装载的车辆不许驶出施工工地,遮挡污损号牌、车身不洁、车轮带泥的车辆不许驶出施工工地"		
6	施工围挡	1.施工现场应实行封闭式管理,施工围挡坚固、严密,表面应平整和清洁,高度不得低于2.5m;现场围挡及大门至少每半年清洗或粉饰见新一次;施工围挡使用材料、构造连接要达到安全技术要求,确保结构牢固可靠; 2.围挡材质应使用专用金属定型材料、装配式围挡、砌块砌筑等; 3.外脚手架架体必须用密目安全网(颜色为绿色)沿外架内侧进行封闭或使用金属防护网等,密目安全网之间必须连接牢固,封闭严密,并与架体固定。密目安全网、金属防护网等要定期清理,保持干净、整齐、清洁。防止施工中物料、建筑垃圾和渣土等外逸或遗撒,避免粉尘、废弃物和杂物飘散,对工地出口两侧各100m路面实行"三包"(包干净、包秩序、包美化),专人进行冲洗保洁,确保"扬尘不出院、路面不见土、车辆不带泥、周边不起尘"		
7	在线监测及远程视频监控系统	1.在线监测安装工程范围,前端设备安装位置、安装数量等按照有关要求进行检查。建筑工地规范安装扬尘在线监测设备; 2.远程视频监控系统安装工程范围,前端设备安装位置、安装数量等按照有关要求进行检查; 3.在线监测装置及视频监控系统发生失效、信号无法及时清晰上传等故障时,建设单位应及时报请工程所在地区住房城乡建设委扬尘治理主管部门核查;		

续表

序号	检查项目	现场检查标准	存在问题	整改情况
7	在线监测及远程视频监控系统	4. 监理单位要把视频监控系统的使用作为日常安全监管的一项重要手段。有条件的应建立视频监控中心，每日不少于1次对企业所承监工程项目的施工现场进行网上巡监，遇有异常情况及时通知项目总监理工程师，同时做好台账记录； 5. 施工单位必须保证现场设备、线路等设施完好，并保证设备正常供电；不得擅自撤除、挪动、遮挡、污损视频监控系统前端设备；施工过程中应采取措施避免施工机械等对设备和系统线路造成损坏； 6. 施工单位应把视频监控系统的使用纳入施工企业安全生产日常管理，有条件的应把视频监控系统和企业信息化管理相结合； 7. 施工单位主管部门应每日不少于1次对企业所承建工程项目的施工现场进行网上巡检，遇有异常情况及时通知项目负责人，并派人员去现场核查，同时做好台账记录； 8. 施工现场项目部管理人员应每天对视频系统运行情况进行检查，采取有效措施保障视频监控设施和线路的安全，遇有不能排除的故障及时反馈视频监控系统服务商和当地扬尘治理主管部门		
8	空气重污染预警响应	按照《空气重污染应急预案》，在空气重污染Ⅲ级（黄色预警）应急响应措施： 1. 各级住房城乡建设部门督导建筑施工企业严格落实"洒水、覆盖、硬化、冲洗、绿化、围挡"6个100%等各项防尘措施，有效落实建筑施工扬尘治理措施，裸露场地要增加洒水降尘频次（至少2次/日） 2. 严格执行"禁土令"。应急响应期间，城市建成区除地铁项目和市政抢修、抢险工程外的建筑工地禁止出土、拆迁、倒土等土石方作业 Ⅱ级（橙色预警）应急响应措施： 1. 各级住房城乡建设部门督导施工单位立即停止建筑工地室外作业，装配式建筑施工安装环节可不停工，但不得从事土石方挖掘、石材切割、渣土运输、喷涂粉刷等室外作业。施工现场做到"洒水、覆盖、硬化、冲洗、绿化、围挡"六个100%，有效落实建筑施工扬尘治理措施，裸露场地要增加洒水降尘频次（至少3次/日）		

序号	检查项目	现场检查标准	存在问题	整改情况
8	空气重污染预警响应	2. 停止施工工地喷涂粉刷、护坡喷浆、建筑拆除、切割等施工作业 3. 严格执行"禁土令"。应急响应期间，城市建成区除地铁项目和市政抢修、抢险工程外的建筑工地禁止出土、拆迁、倒土等土石方作业 Ⅰ级（红色预警）应急响应措施： 1. 各级住房城乡建设部门督导施工单位立即停止建筑工地室外作业，装配式建筑施工安装环节可不停工，但不得从事土方挖掘、石材切割、渣土运输、喷涂粉刷等室外作业。施工现场做到"洒水、覆盖、硬化、冲洗、绿化、围挡"6个100%，有效落实建筑施工扬尘治理措施，裸露场地要增加洒水降尘频次（至少4次／日） 2. 停止施工工地喷涂粉刷、护坡喷浆、建筑拆除、切割等施工作业 3. 严格执行"禁土令"。应急响应期间，城市建成区除地铁项目和市政抢修、抢险工程外的建筑工地禁止出土、拆迁、倒土等土石方作业		
9	其他情况	1. 在确保施工安全的前提下，对于自然放坡的边坡工程应进行覆盖； 2. 土方施工作业面（钻孔、打桩、土方开挖、土方回填等）可暂不覆盖，但应采取适度洒水等降尘措施，当天施工完毕后应按要求进行覆盖； 3. 正在使用或正在装卸的建筑材料或建筑垃圾可暂不覆盖，可酌情采取防尘措施		

检查结论

施工单位 项目经理（签字）： （公章） 年 月 日	监理单位 项目总监（签字）： （公章） 年 月 日	建设单位 项目负责人（签字）： （公章） 年 月 日

附录7

施工现场扬尘治理专项检查（验收）表

检查单位：　　　　　　　　　　　　　　　　　检查日期：　年　月　日

工程名称		工程地点	
施工单位		监理单位	
施工部位		建筑面积	

检查内容	应得分	实得分
1. 施工现场周边采取围挡措施，门前及围挡附近及时清扫	10	
2. 施工现场主要道路及场地按要求进行硬化处理	10	
3. 施工现场裸露地面、土堆按要求进行覆盖、固化或绿化	10	
4. 施工现场按要求安装、使用和管理远程视频监控及扬尘噪声在线监测系统	10	
5. 施工现场按要求洒水降尘。易产生扬尘的机械应配备降尘防尘装置，易产生扬尘的建材按要求存放在库房或者严密遮盖	10	
6. 建筑垃圾土方砂石运输车辆应采取措施防止车辆运输遗撒，手续齐全	10	
7. 建筑物内清理垃圾须采用封闭式专用垃圾道或采用容器吊运	8	
8. 外脚手架按要求采用密目网、金属安全网等进行封闭	8	
9. 施工现场按要求设置封闭式垃圾站，按规定及时清运	8	
10. 施工现场按要求使用预拌混凝土和预拌砂浆	8	
11. 施工现场按要求设置专业化洗车设备或设置冲洗车辆的设施	8	
检查得分（实得分 / 应得分 ×100）	100	

检查结果：达标（　　）　　　　　　不达标（　　）

检查人签字		受检单位负责人签字		联系电话	

注：1. 检查中，检查单位应认真如实填写、客观合理评分。

　　2. 应得分 = 参与评分子项满分之和；实得分 = 参与评分子项实得分数之和。

　　3. 根据施工现场实际，不涉及的检查内容不作为参与评分子项。

　　4. 达标标准：检查得分达到85分（含）以上，且每个参与评分子项得分不得低于该项总分的50%。

附录 8

建设工程施工现场减污治霾工作月报表

（　　年　月）

填报单位：

序号	单位或项目名称	事件简述	时间	地点	事件处理情况	备注
1						
2						
3						
4						
5						

填报人：　　　　　　　审核人：　　　　　　　　　填报日期：　　年　月　日

注：每月报送时间为当月月底；报送主要内容为本单位被各级政府及部门、各级各类
　　媒体因减污治霾曝光或批评、表彰等情况，要求填写具体事件发生的时间、地点，
　　及项目情况、曝光或批评、表彰内容。

附录 9　施工现场扬尘防治责任制

组长（项目经理）责任制

1. 负责组织项目经理部开展关于扬尘污染防治法律、法规、规章的学习，积极宣传扬尘污染防治知识，不断提高全体员工的环保意识和文明素质水平。

2. 负责组织制定和实施扬尘污染防治方案，向各部门下达扬尘污染防治任务，对完成各项扬尘污染防治任务负责。

3. 负责组织对项目经理部执行扬尘污染防治方案工作情况进行定期和不定期的检查，肯定成绩，激励先进，发现问题，落实问题，不断巩固，提高本单位扬尘污染防治工作的水平。

4. 组织技术攻关，采用先进技术，不断提高扬尘污染防治的技术水平，提高扬尘污染控制的效率。

副组长责任制

1. 负责施工现场扬尘污染的具体管理工作，直接对项目经理负责，监督各项工作落实情况，协调各单位的扬尘控制工作的进行。

2. 结合本工程具体情况，提出扬尘污染防治的建议意见并组织落实。

3. 经常宣传扬尘防治知识，提高组员的环保意识和文明素质水平。

4. 督促根据本工程中的特点，做好各工序落手清工作。

保洁员责任制

及时打扫清洗施工现场内外卫生环境，做好现场污染源的清理，认真落实各项污染防治措施。

附录10 建设工程施工治污减霾工作宣传口号

1.铁腕治霾 保卫蓝天

2.铁腕治霾 守护蓝天

3.治污减霾 绿色施工

4.治污减霾 建设生态绿色家园

5.治污减霾 从我做起

6.治污减霾 我们在行动

7.治污减霾靠大家 环境关系你我他

8.治污减霾 建设和谐美丽新××

9.治污减霾 保卫蓝天 齐心协力建设生态美丽新××

10.保卫蓝天 共同行动

11.保卫蓝天同呼吸 减污治霾共行动

12.节能减排减污治霾 保护环境利国利民

13.节能减排 治污减霾 你我同行 共享蓝天

14.关爱环境靠大家 清新空气每一天

15.让地球远离雾霾 让绿色走进家园

16.参与治污减霾 共建绿色家园

17.改善生态环境 营造绿色家园

18.群策群力 还百姓更多碧水蓝天

19.倡导环保 拒绝雾霾

责任编辑： 赵晓菲　朱晓瑜

封面设计：

建工出版社微信

经销单位：各地新华书店、建筑书店
网络销售：本社网址 http://www.cabp.com.cn
中国建筑出版在线 http://www.cabplink.com
中国建筑书店 http://www.china-building.com.cn
本社淘宝天猫商城 http://zgjzgycbs.tmall.com
博库书城 http://www.bookuu.com
图书销售分类：建筑工程经济与管理（M10）

ISBN 978-7-112-21731-1

（31579）定价：40.00 元

陕西建工集团有限公司 主编

建设工程施工治污减霾管理指南

A GUIDE TO THE MANAGEMENT
OF POLLUTION REDUCTION IN CONSTRUCTION
PROJECTS

中国建筑工业出版社